数据分析实战
方法、工具与可视化

曾津 韩知白◎编著

人民邮电出版社

北 京

图书在版编目（CIP）数据

数据分析实战：方法、工具与可视化 / 曾津，韩知白编著. -- 北京 : 人民邮电出版社，2023.1（2024.7重印）
ISBN 978-7-115-59609-3

Ⅰ．①数… Ⅱ．①曾… ②韩… Ⅲ．①数据处理
Ⅳ．①TP274

中国版本图书馆CIP数据核字(2022)第120029号

内 容 提 要

本书通过实战案例和可视化的图形讲解数据分析的知识。通过阅读本书，读者可以从容地处理数据，高效地完成数据分析工作。本书共 9 章，主要内容包括不同场景下的数据分析方法，从业者应具备的数据分析基本知识，数据分析师应具有的思维方式，海盗法则和指标体系建模，用户画像赋能数据分析，数据可视化的实操技巧等。

本书不仅适合产品经理、运营人员、市场营销人员阅读，还适合数据分析人员阅读。

◆ 编　著　曾　津　韩知白
　　责任编辑　谢晓芳
　　责任印制　王　郁　焦志炜
◆ 人民邮电出版社出版发行　　北京市丰台区成寿寺路 11 号
　　邮编　100164　　电子邮件　315@ptpress.com.cn
　　网址　https://www.ptpress.com.cn
　　北京七彩京通数码快印有限公司印刷
◆ 开本：720×960　1/16
　　印张：16.75　　　　　　　　　2023 年 1 月第 1 版
　　字数：380 千字　　　　　　　2024 年 7 月北京第 6 次印刷

定价：109.90 元

读者服务热线：**(010)81055410**　印装质量热线：**(010)81055316**
反盗版热线：**(010)81055315**
广告经营许可证：京东市监广登字 20170147 号

序

自从 2018 年从产品工作中抽离出来，加入神策数据公司，我对于互联网行业里的数据应用现状与不同角色对数据价值的重视程度有了更深入的认识。

在绝大多数的团队里，数据生产者、分析者和使用者是完全分离的。业务上，使用者往往是数据价值的最终获益者，但需要数据分析师、数据工程师等完成数据采集、清洗、定义、建模、分析、可视化等过程。在这些过程中，如果操作者对于业务最终的需求认知有偏差，就有可能在数据质量、准确度及最终结果的可靠性、可解释性上出现问题。

为了弄清楚相关原因，我开始接触数据"民主化"的概念。我希望数据理念及技能的普及让业务端的人员能够更关注数据产生和分析的过程，并参与一些简单的分析项目，同时让以前处在工作流前端的数据分析师和数据工程师能够更关注业务端诉求，从而提供更准确的数据与分析结果。

然而，从一个数据平台厂商的角度推广这个理念其受众终究是有限的，推广数据"民主化"的理念需要更多的从业者参与进来。这也是近几年我和行业里的朋友交流时的一个主要话题。

我在三节课平台上开设了一门课，名为"互联网业务数据分析"。在制作这门课时，我思考最多的内容就是如何让平时较少接触数据的产品经理、运营人员和市场营销人员能充分利用数据。因此，在课程内容的编排及案例选择上，我做了不少思考，最终那些非数据岗的学员的反馈也不错。

与知白相识多年，我们曾就数据基础建设、数据工具的使用与数据在产品运营中应如何发挥支撑作用做过几次深入的探讨。

在阅读本书的过程中，我不断地想起当年制作"互联网业务数据分析"这门课的情景。通过阅读本书，我看到了知白与曾津在构思本书的过程中的思考。这是一本数据分析入门图书，但是和市面上绝大多数的数据分析入门图书不同，因为它强调的不是技能上的入门，而是从思维上如何将业务与数据结合。

因此，即使你已经有多年的工作经验，也千万不要因为这是一本入门的书而忽略了其中精彩的内容。如果你刚进入这个行业，则更推荐你在开始接触数据前阅读本书，这有助于你了解数据的价值和应用方式。

希望各位读者在未来的工作中都能借助数据的价值，加快自己的职业发展，提升自己的业务能力，共同推进数据驱动在行业的落地与发展。

同时，衷心希望知白与曾津结合行业实践，继续为我们带来更多新的作品。

张涛

重庆奥特海文企业管理咨询有限公司创始人、神策数据公司前副总裁

服务与支持

本书由异步社区出品，社区（https://www.epubit.com/）为您提供后续服务。

提交勘误信息

作者和编辑尽最大努力来确保书中内容的准确性，但难免会存在疏漏。欢迎您将发现的问题反馈给我们，帮助我们提升图书的质量。

当您发现错误时，请登录异步社区，按书名搜索，进入本书页面，单击"发表勘误"，输入错误信息，单击"提交勘误"按钮即可，如下图所示。本书的作者和编辑会对您提交的错误信息进行审核，确认并接受后，您将获赠异步社区的100积分。积分可用于在异步社区兑换优惠券、样书或奖品。

与我们联系

我们的联系邮箱是contact@epubit.com.cn。

如果您对本书有任何疑问或建议，请您发邮件给我们，并请在邮件标题中注明本书书名，以便我们更高效地做出反馈。

如果您有兴趣出版图书、录制教学视频，或者参与图书翻译、技术审校等工作，可以发邮件给我们；有意出版图书的作者也可以到异步社区投稿（直接访问www.epubit.com/contribute 即可）。

如果您所在的学校、培训机构或企业想批量购买本书或异步社区出版的其他图书，也可以发邮件给我们。

如果您在网上发现有针对异步社区出品图书的各种形式的盗版行为，包括对图书全部或部分内容的非授权传播，请您将怀疑有侵权行为的链接通过邮件发送给我们。您的这一举动是对作者权益的保护，也是我们持续为您提供有价值的内容的动力之源。

关于异步社区和异步图书

"异步社区"是人民邮电出版社旗下 IT 专业图书社区，致力于出版精品 IT 图书和相关学习产品，为作译者提供优质出版服务。异步社区创办于 2015 年 8 月，提供大量精品 IT 图书和电子书，以及高品质技术文章和视频课程。更多详情请访问异步社区官网 https://www.epubit.com。

"异步图书"是由异步社区编辑团队策划出版的精品 IT 专业图书的品牌，依托于人民邮电出版社的计算机图书出版积累和专业编辑团队，相关图书在封面上印有异步图书的 LOGO。异步图书的出版领域包括软件开发、大数据、人工智能、测试、前端、网络技术等。

异步社区

微信服务号

前　　言

市面上关于数据分析的图书已经很多了，是否还有必要写一本数据分析的图书？关于这个问题，在思考良久之后，我们依然决定动笔写作。

首先，虽然市面上关于数据分析的图书很多，但是大部分集中在两个类别。一类是理论类，如统计学、机器学习、深度学习等方面的图书，这类图书的理论知识较多。另一类是工具操作类，如介绍用 SQL、R、Python 等的工具书。理论知识及工具操作技能对数据分析人员来说固然重要，但是只有理论知识及工具操作技能远不能满足企业的实际需求，实践和理论之间有鸿沟。

王阳明在《传习录》中写道："知而不行，只是未知。"即使知道了上千种数据分析或者算法的理论，在实践中不知道该如何应用也是枉然。本书从数据赋能企业的实践角度进行讲解，旨在为读者跨越数据分析实践与理论之间的鸿沟提供数据分析框架。

本书主要内容

本书共 9 章。

第 1 章介绍为什么不同岗位的人员需要学习数据分析知识。

第 2 章介绍数据分析基础知识。

第 3 章介绍如何成为优秀的数据分析师。

第 4 章介绍数据分析师在日常工作中需要养成的思维方式。

第 5 章介绍海盗法则和指标体系建模。

第 6 章介绍常用的数据分析方法。

第 7 章从理论和实践两方面介绍 A/B 测试。

第 8 章介绍用户画像的理论知识和实战技术。

第 9 章结合 Tableau 软件，介绍数据可视化方面的实操技巧和知识。

致谢

在编写本书的过程中，作者得到了许多人的帮助，如果没有他们的帮助，本书将无法顺利付梓。

首先，感谢人民邮电出版社的张涛编辑，如果没有张涛的鼓励，就不会有本书的诞生。

在编写本书的过程中，作者的很多同事、朋友都给予了很多的支持和帮助。王伟为审校本书做了许多工作，欧阳婷为本书第 9 章提供了一些非常美观的图表素材。

最后，感谢家人，他们给予了我们大量的支持。

曾津　韩知白

目　　录

第1章 为什么人人都要懂数据分析

在互联网企业中，数据的作用不言而喻。要让数据真正地赋能业务，不能仅仅依靠数据分析师"单打独斗"。本书开篇的两章内容是献给数据分析师的。古代军队中，十人为一火，火长一人管炊事，同火者称为火伴（即伙伴）。伙伴在战场上通力协作，才能取得胜利。数据分析师的伙伴是谁呢？他们就是企业中的产品经理、运营人员、市场人员以及决策管理者等。大家都在提升数字化决策水平的工作中共同协作，走向胜利。

数字化决策"土壤"的形成需要数据分析师、产品经理、运营人员、市场人员以及决策管理者等共同努力。在一家真正愿意依靠数据赋能业务的企业中，虽然并不要求每个人都是数据分析师，但仍然要求每个人都了解一些数据分析知识，培养依靠数据做决策的习惯。

1.1 产品经理为什么要懂数据分析

产品经理这一角色在我国已经历了几十余年的发展和演变。

产品经理在如今的互联网企业中主要扮演 3 种角色。

- 产品经理是产品设计师。在这一点上，产品经理和服装设计师、建筑设计师等没有本质区别，唯一的区别可能在于产品经理在设计产品的过程中，需要 UI/UX（User Interface /User eXperience，用户界面/用户体验）设计师、视觉设计师的辅助。

- 产品经理通常还是项目经理，负责协调产品上线过程中所依赖的各方人员，如研发工程师、测试工程师、UI/UX 设计师、视觉设计师、产品运营人员等。产品经理需在产品设计方案与按时上线这一目标出现资源或时间冲突时及时做出取舍，确保产品按时上线，同时尽量不偏离预期的交付质量。

- 产品经理还是一个产品功能乃至整个 APP 或网站交付给用户（客户）时交付状态的最终负责人。产品经理既然是交付负责人，就需要对交付的结果负责。传统行业的设计交付物（如服装或建筑物）的考核指标包括消费者口碑和销量、安全性指标等，考核维度相对较低，可量化指标不多。而互联网产品的交付物主要由功能渗透率、转化率、GMV（Gross Merchandise Volume，商品交易总额）等指标衡量，这就要求产品经理具备一定的数据分析能力，可以通过各种指标量化、验收、衡量自己的交付物——上线后的产品的优劣。在量化的交付结果不够理想时，通过探索性数据分析提出可能提升目标指标的产品优化建议。下面结合实际工作中的案例，阐述一名产品经理在实际工作中所需的数据分析技能。

1.2　产品经理的数据分析实战案例

某社交平台的主要功能为帮助平台上的用户发现附近有潜在交友价值的朋友。产品经理艾伦负责设计和上线该社交平台的第 1 版订阅制会员产品，在此之前该社交平台无任何商业化功能，GMV 为 0 元。上线该订阅制会员产品的量化目标是在上线后为平台贡献 300 万元/月的 GMV，以帮助该社交平台公司实现盈亏平衡。

艾伦此时需要决策，是将平台上哪些已有功能升级为需开通会员才可以解锁，还是上线哪些需会员解锁的新功能。在决定对平台上哪些已有功能进行上锁之前，艾伦需要先调研候选功能的"渗透率"，即一天内的所有活跃用户中使用该功能的用户比例。

当得到所有候选功能的渗透率之后，艾伦还需要对上锁各个功能可能造成的影响进行合理的预估。例如，如果上锁一个渗透率很低的功能，可能想要解锁这个功能的用户数有限，进而导致 GMV 不达标；如果上锁一个渗透率很高的功能，可能阻挡过多用户的正常使用，进而导致大量用户放弃使用该社交平台，即活跃留存率大幅下降。在产品经理的日常工作中，这种预估能力是一项很重要的能力。

在决定上线哪些需会员解锁才可使用的新功能之前，艾伦也需要先对候选功能的上游流量进行摸底，对其上线后可能带来的会员购买收益进行预估。同时，由于该会员功能需要订阅，因此艾伦在设计新会员功能时还应考虑用户是否会长期依赖该功能。如果长期依赖，这会有助于提高会员的续费率。简而言之，在产品设计环节，产品经理需要掌握数据摸底和数据预估能力，最好能同时掌握一些自助取数的软件或简单 SQL 的使用方法。

假设此时艾伦已经完成了前期的数据摸底和数据预估工作，并完成了他对该平台会员的第 1 版产品设计，该设计主要包括哪些功能需要开通会员后才可使用，这些功能的入口是什么，会员定价是多少。

研发团队按部就班地将艾伦的这版设计在两周后上线了，由于对 GMV 和留存损失的信心不足，团队采取了灰度发布的措施，即仅为 20% 的用户开通了艾伦设计的这版会员体系，用于进一步获取数据、优化产品。这时就需要艾伦对本次 20% 灰度发布的数据表现进行合理的分析和复盘，并决定是否将该版会员产品推至全量用户。

假设本轮 20% 的灰度发布为公司带来了每天 1 万元的 GMV，艾伦据此预估，如果全量发布该版会员体系，预计可为公司带来每月 150 万元的 GMV，此数据低于立项之初的预期且相差较大。这时艾伦作为产品经理首先需要决定，是将这版会员产品先行全量发布，再在线上优化 GMV，还是对这版会员产品再进行一轮灰度迭代，当预期 GMV 达标后，再进行全量发布。由于会员产品的发布涉及定价，定价不宜在全量发布后频繁调整，因此艾伦与公司管理层决定，暂不全量发布该版会员产品，继续灰度优化直至 20% 灰度下的 GMV 达到每天 2 万元，即全量情况下的 GMW 达到每月 300 万元。

此时，艾伦面临实现公司盈亏平衡的压力，需要基于第 1 版会员的灰度数据，输出第 2 版会员产品的优化方案，其中少不了对第 1 版会员产品的灰度数据进行深入的分析。有的公司会在此时给艾伦分配一位数据分析师，配合他复盘上一版会员产品的灰度数据，同时给出下一版会员产品的优化建议，通常是策略性的建议，如入口设计、定价设计等。但由于不是所有公司都有充足的数据分析师，并且数据分析师通常并不对项目的最终指标完成情况负责，因此建议产品经理自己多掌握一些取数、分析漏斗的能力，不过于依赖数据分析师，这样才能对项目上线的最终结果拥有较强的把控性。

最终，艾伦根据他对第 1 版会员产品灰度数据的分析，优化了整个会员购买流程，增加了购买入口，优化了购买引导的文案，调整了会员的价格，在第 2 版灰度上线时实现了每天 2 万元的灰度 GMV，并推动该方案通过了管理层的审批，成功全量发布。发布后次月公司营收 300 万元，实现了盈亏平衡。

1.3　市场营销人员为什么要懂数据分析

著名"营销先驱"约翰·沃纳梅克（John Wanamaker）曾经提出："我在广告

上的投资有一半是无用的，但问题是我不知道是哪一半。"从部分互联网公司的财报中不难看出，广告费用无疑是很多公司成本的一大部分。为了不投入那么多的广告费用，市场营销人员需要结合数据，衡量自己的营销结果，并对营销活动为公司最终转化的用户量或销量负责。

互联网市场营销人员在如今的互联网公司中主要有 3 方面的职责。

第一，市场营销人员负责基于产品的特性定义传播策略和营销创意。虽说"酒香不怕巷子深"，但现实中大部分消费类互联网公司需要投入一定人力成本来组建一个市场部。传播和创意工作中，市场营销人员主要负责分析市场竞争环境并总结出公司产品相较于竞品的优势和卖点，同时根据产品的独特卖点构思面向消费者的传播话术、视觉或视频物料，乃至社交媒体上的营销事件。这方面工作的目标是使产品可以打动目标受众，完成购买，提高下载量或销量。

第二，市场营销人员还负责市场预算的分配与管理。在整体市场预算已定、已批的前提下，对可控预算的切割、分配、按渠道优化能力是评价市场营销人员工作能力的一个核心考核项。优秀的市场营销人员能够对其所管理的各个获客渠道的以下指标进行合理评估、科学分析：

- 获客数量的起量空间；

- 获客成本；

- 投资回报率（Return On Investment，ROI）。

最终，市场营销人员需要围绕优化目标在其管理的各个渠道中分配预算，该目标通常是涉及以上几个指标的一组不等式，例如：

- 获客成本小于或等于 10 元；

- 每日获客数量大于或等于 10 000。

这方面的工作不仅需要市场营销人员具备一定的取数能力以获取各渠道在上述维度的表现，还需要市场营销人员具备一定的量化策略优化能力以帮助其围绕优化目标进行预算的最优分配。

第三，市场营销人员还应负责对市场营销活动的结果、效果进行回归，有时甚至是近乎实时的监控（通常适用于效果营销），以及对投放效果数据的异动进行响应。无论是对一轮品牌宣传进行口碑与下载量、销量影响因素的复盘，还是在效果营销活动中应对一次获客数量的骤降，都需要市场营销人员运用数据分析的基本思想以对其投放效果和花费之间的关系进行分析，对造成投放数据突变的原因进行分析。

市场营销人员在以上 3 个方面需要运用的数据分析能力有所不同。第一个方面要求的主要是对外部市场数据的获取和分析能力，第二个方面则主要是对当前投放效果的取数和优化能力，第三个方面所要求的数据分析能力（在"数据海洋"中寻找因果关系并将之量化的能力）则更具开放性。市场营销人员需要对自己花的钱所带来的效果负责。弄清市场预算/花费、渠道、创意等影响因素与公司实际追求的业务增长指标间的关系，以及在可控的范围内通过在预算、渠道、创意等维度上的优化促进公司的业务增长，是市场营销人员所需掌握的核心数据分析能力。

1.4　公司领导、业务负责人为什么要懂数据分析

网景公司前 CEO Jim Barksdale 有一句关于数据驱动决策的名言："如果大家有数据，我们以数据为准。如果大家有的只是意见，那么还以我的意见为准。"可见即使位高如公司领导或业务负责人，也不得不随时准备好为数据让步。

抛开数据造假的情况，在数据真实的情况下，一些领导容易陷入盲从数据的误区。数据即使真实，也可以自由修饰。同一个数据源通过不同的口径观察，再采用不同的比较方式，可能会给人以完全不同的印象，甚至可能会在业务判断、业务决策上造成误导。这就是公司领导、业务负责人需要掌握一些数据分析基础的知识原因。

和产品经理与市场营销人员的角色不同，领导往往不需要亲自对原始数据进行处理或分析。领导日常接触的往往是由数据分析师或其他业务人员处理过的，以 PPT 或文档形式呈现的数据，且数据可视化程度高，图表居多。领导在处理这些经他人加工过的数据时，需要格外留意数据口径问题。

领导需要把关的是，数据报告中提供的数据口径及其对比方式是否能够科学、准确地体现业务经营状况的好坏，还是可能为"虚荣指标"，无论业务实际经营状况如何，从这个数据口径来看都还不错。下面以一个实际的示例说明什么是虚荣指标，以及领导应如何"抽丝剥茧"，找准观察数据的口径，继而定位业务问题。

2021 年 7 月的某个工作日，负责某公司 APP 整体运营工作的副总裁弗兰克在其公司 APP 上收到了多条让他感觉内容乏味的推送提醒（推送通知），这让弗兰克猜想近期 APP 的推送策略打扰性强、内容乏味，这可能会导致其用户关闭推送提醒的比例上升，推送点击量下降。故弗兰克给他团队中负责推送运营的运营经理阿比发了一条工作消息："最近几个月，推送点击量下降了吗？"

几小时后，阿比返回了图 1-1 所示的曲线，并回复弗兰克："推送点击量近几个月没有大幅变化。"从曲线来看，自 5 月以来数值比较平稳，确实没有大幅度下

降，离当时最近的一次指标大幅下降发生在 12 月前后。但这是否意味着弗兰克可以打消自己关于推送点击量下降的疑虑，不再跟进此事呢？

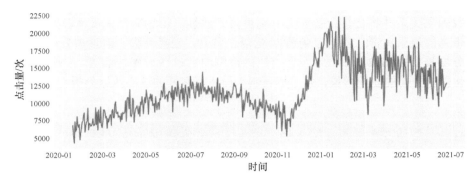

图 1-1　某 APP 的推送点击量数据

答案是否定的，弗兰克需要进一步跟进推送的真实运营状况。首先弗兰克应明确：他需要关注如下问题。

用户关闭推送提醒的比例是否提升了？

推送点击量是否下降了？也就是说，准确的衡量口径/指标是什么？另外，他还需要排除近几个月内历次业务变动对指标数值所引入的噪声。

阿比给出的数据是推送点击量，该口径/指标过于笼统，糅合了过多和弗兰克关注的问题不相关的噪声，例如，总活跃用户数上升，单用户日均推送条数上升，这些噪声会导致推送总点击量在通知打开率、推送点击率实际下降的情况下保持平稳。

此时弗兰克应要求阿比提供从取数口径上排除了以上噪声的数据，例如，DAU（Daily Active User，日活跃用户数）中打开或关闭推送权限的比例，用户每天收到的第一条推送的点击率（由于日推送条数在近几个月内可能有增减）。

只有当以上两个指标在近几个月内表现平稳时，弗兰克才可放心地认为推送运营状况稳定，近期无须立刻对推送运营策略进行紧急优化。

领导所需具备的数据分析能力主要还是鉴别数据质量，根据所给数据下决策的能力。在所给数据质量不高、噪声较多的情况下，要谨慎采取行动，避免盲目决策。很多时候还需要将口径不准确的数据退回，让业务人员重新提供一版更能反映当前问题的数据，再根据消噪后的数据，谨慎确定下一步的决策。

第 2 章　数据分析基础知识

在互联网公司中，主要由数据分析师负责对数据进行获取、加工以及形成数据分析报告。但产品经理、市场营销人员以及管理层也需要了解一些与数据分析相关的基本知识。了解了这些基本知识之后，他们不仅可以更好地进行决策，还可以更好地与数据分析师沟通，充分利用数据得出有价值的结论。

2.1　PV 和 UV

PV（Page View，页面浏览量）和 UV（Unique Visitor，独立访客数）是互联网行业中两个常见的概念。

PV 最早指网站中一个页面的浏览量，后引申为网站或 APP 中某个行为事件发生的次数，示例如下。

- 一段时间内单击一个按钮的次数。

- 一段时间内展示（刷新）一个页面的次数。

- 一天内所有美团外卖用户在美团外卖下单的笔数。

UV 最早指一段时间（通常是一天）内访问、浏览某个网页的独立访客数，后引申为一段时间内在网站或 APP 中触发过某个行为的人数或独立设备数，示例如下。

- 一天内刷过抖音的总设备数。

- "双十一"开始后第一小时内有下单行为的淘宝用户数。

- 除夕当天在快手上抢了至少一个红包的用户数。

UV 的计算严重依赖以什么 ID（如身份证号）来识别事件 A 和 B 是否来自两

名独立访客。例如，如果一位女士在爱奇艺上看一部电视剧，在回家的地铁上她用手机看了半集，回家后又在 iPad 上看了半集，那么我们应该把这两次观看行为统计为这部剧的 1 UV 还是 2 UV 呢？

如果爱奇艺公司通过设备号来区分不同的访客，那么应统计为 2 UV；如果爱奇艺公司通过用户 ID 区分访客，且这位女士在手机和 iPad 上都登录了相同的爱奇艺账号，那么应统计为 1 UV。

在互联网数据分析工作中，我们通常无法获得每位访客的自然人信息（如身份证号），偶尔会把一位自然人访客统计为 2 UV 或多 UV，给数据制造一些噪声，这些噪声是无法避免的，所以需要从业者提防被这种噪声所误导。

2.2　指标

工作中，我们经常面对大量数据，衡量某一项业务表现也存在多种指标。

指标是我们从数据海洋中抽象出的一个可计算、值得关注的值。这个值被获取、计算出来以后，对衡量业务的表现有意义，对分析业务的变化有帮助。APP 业务中常用的 DAU、功能渗透率等都属于指标。其中 DAU 是总数指标，功能渗透率是比率指标，总数指标通过对原始数据求和得到，比率指标通过某两个指标相除得到。

注意，即使如 DAU 这样常见的值，也不是数据库中的底层数据源，而是从底层数据得到的指标。DAU 的计算方法是统计某一天 0～24 时网站或 APP 的独立访客数。

想要分析一个指标为什么这么多、这么少，为什么涨跌，经常需要按若干维度拆分这一指标。理论上，拆分一个指标的方法（即维度）有无数种，但不是所有拆分方法都对业务分析有意义。

下面介绍用户画像和拆分维度的概念，并简述怎样拆分数据对业务分析更有意义。

2.3　用户画像和拆分维度

在谈到用户画像时，有两个容易混淆的概念——用户群和用户画像。

用户群是从某产品的所有用户（例如，对于微信，其所有用户的集合为 10 亿左右上网、使用微信的人）中按某个量化规则筛选出来的一个用户子集。例如，微信用户中标注了性别为男的用户或微信用户中每周会观看至少一条视频的用户都是微信的一个用户群。

用户画像则是对某个用户群特征的一种定量或定性的描述。例如，对于微信中每天有多笔收款行为的这一用户群，其用户画像可描述为"多为个体商贩或收银员"。用户画像会更多地关注所描述用户群的共性，及其与大盘用户（所有用户集合）的区别。

我们在描述用户画像时所提及的一些定性或定量的维度通常也可以作为分析一个指标的"拆分维度"。拆分维度既可以是用户或事件的天然属性，如日期或用户性别、年龄，也可以是一个离散的行为指标，如"一位探探用户一天内获得的配对数"。

至于选择按照哪个维度拆分，主要取决于所要分析的指标对哪个维度更敏感，以及哪个维度上的用户画像更容易随时间发生迁移和波动。当希望通过分析驱动影响业务表现时，我们可以更关注用户群在哪个维度的用户画像是网站或 APP 运营者容易控制和改变的。

例如，在分析 APP 每日新增用户时，经常需要关注获客渠道这一维度，一是因为各渠道带来的新增用户的 CPI（Cost Per Install，单安装成本）、用户留存、付费率相差较大，二是因为各渠道新增用户在每日新增用户中的占比可能波动较大，三是因为各渠道所带来的每日新增用户数是 APP 运营者相对可控的。

2.4 用户行为漏斗

用户行为漏斗（funnel）分析关注的是用户从哪里来、到哪里去，以及有多少/多大比例的用户可以完成每一步，乃至最终完成开发者所期望的关键行为。下面用一款假想的陌生人社交软件作为示例来解释漏斗的概念。

该陌生人社交软件当前的业务目标是使用户在注册后持续在该软件活跃（例如，用户在注册后的 4 周内每周都活跃）。但是当前新增用户实际转化为持续活跃用户的比例不高，该软件的开发者需要通过漏斗分析找出其转化率低的"漏水点"，继而设法优化从注册到持续活跃的转化率，即长期留存率。

我们假想的开发者相信，欲使用户在该陌生人社交软件中留存，必须先帮助其在软件中建立新的社交关系。如果用户在软件中无法建立新的社交关系，其体验类似于单机软件，则他很可能无法留存。于是，开发者针对"持续活跃"这一目标用户行为，基于"建立新的社交关系"这一关键用户行为，梳理出了两条从"用户注册"到"持续活跃"的行为漏斗：

　　　用户注册→发起社交邀请→建立新的社交关系→与新结识的好友在软件中长期聊天→持续活跃

　　　用户注册→发起社交邀请→建立新的社交关系→持续建立新的社交关系→持续活跃

梳理完这两条以用户持续活跃为目标的关键行为漏斗后，开发者即可开始分析优化漏斗转化率（即用户长期留存率）的产品策略。

如果当前用户发起社交邀请的比例较低，开发者可以考虑加强对于新注册用户的用法指导，让用户更快地学会如何使用这款社交软件，继而让更大比例的用户可以完成发起社交邀请这一行为步骤。开发者也可以尝试通过一些运营手段来调控新注册用户可见的软件中其他用户的吸引力，以增强新注册用户主动发起社交邀请的动力。

如果用户发起社交邀请的比例已经比较高，而从发起社交邀请到建立新的社交关系的比例较低，开发者则可以多思考如何帮助用户轻松地在软件上建立一次联系，交一个朋友。

熟练使用漏斗分析，可以帮助互联网从业者更好地定位产品核心转化路径上的漏水点，大的漏水点往往也是业务的瓶颈。找到瓶颈后，有的放矢，为用户在核心使用路径上的转化扫清障碍。

需要注意的一点是，漏斗转化率分子、分母的统计指标都是 UV，同样受限于统计 UV 时使用何种 ID 识别用户。当使用漏斗分析时，同样需要警惕 UV 统计误差导致的脏数据。

2.5　科学的 A/B 实验

如果你有一个新的产品设计，想说服领导全量上线并更新给所有用户，在数据驱动文化比较浓的公司，经常需要先从大盘抽样一部分流量来进行 A/B 实验，测试产品设计对业务是否有足够的正向影响，若有正向影响，方可全量上线。这种使用部分流量比较产品设计 A 方案与 B 方案之间数据差异的实验，就是我们常说的 A/B 实验。

这里需要引入一个新的指标，关于这个指标的命名，行业内尚未有统一的意见，在本书中我们可以叫它"全量后净收益"。这个指标的计算方法稍复杂，我们用下面这个示例来解释。

某产品经理设计了一个目标，即优化全站营收的产品优化点，准备取全站 10% 的流量作为实验组（A 组），另取 10% 的流量作为控制组（B 组）。实验开始前，A 组用户和 B 组用户每日为平台贡献的营收（日流水）均为 5 万元。

实验开始一段时间后，假设 A 组用户的日流水增长到 6 万元，B 组用户的日流水增长到 5.5 万元，那么该产品优化点对全站的日流水贡献是 1 万元吗？

实际上，如果该产品优化点全量上线，对全站日流水的贡献估计值应为

$$全量后净收益 =(6 - 5.5)万元 \times(1/10\%)= 5 万元$$

这里的"全量后净收益"指的是，当 A 组的产品优化点全量上线时，相比不做任何更新，A 组中产品优化点对全站日流水的贡献。

全量后净收益的单位不一定是"万元/天"。一个 A/B 实验对任何指标都可能产生"全量后净收益"或"全量后净损失"，这些指标既可以是上层的诸如 DAU、日流水等描述业务整体运营情况的大盘指标，也可以是诸如投诉率、功能渗透率之类描述某一个功能模块的细节指标。

现在假设某产品优化点的目标是将 DAU 提升 2%，那么如何通过 A/B 实验证明它真的可以为 DAU 带来 2% 的提升呢？这里就需要用到统计学里假设检验的知识了。

2.6 净收益检验

"伪阴性"和"伪阳性"是两个统计学概念。在数据驱动的 A/B 实验中，也存在实验结论，包括净收益的伪阴性和伪阳性。有些时候，业务负责人在汇报时，会选择性地忽略实验收益的伪阳性风险，让一切数据看起来很好。领导在判断某实验方案是否全量上线时，需要留意收益数据是否可能伪阳性，或损失数据是否可能伪阴性。

伪阳性的实验通常无法复现。为了节省时间、缩短实验周期，在实际操作中，我们可以通过 AABB 实验，即两个相同的实验组、两个相同的控制组的实验方式，

甄别 A/B 两组之间的指标差异是否稳定。在开始实验前，建议对即将进行实验的 A/B 两组流量进行 AA 检验，即检查实验前两组之间的各指标是否已存在显著差异。如果存在，则不建议开始实验，而应重选实验前无显著差异的 A/B 组流量。如果 A/B 两组在实验前各指标无显著差异，可以通过 AA 检验，在实验后某指标有一定差异，但无法通过显著性检验，那么可以选择通过实验流量扩量进一步验证已观测到的差异是真实误差还是随机误差。

简而言之，公平竞争和可重复性才是检验 A/B 实验净收益的两个标准。只有实验组、控制组站在同一起跑线，且经过了流量足够大、时间足够长的考验后仍然存在稳定净收益，才可认为 A 组相较于 B 组带来了真实的效果提升。

第 3 章　做一名优秀的数据分析师

数据分析师是企业中基于数据分析为生产经营活动赋能的人。近年来，人们越来越认识到数据的作用。从企业的角度来讲，许多企业中的数据部门规模越来越大，分工越来越细；从从业人员的角度来讲，越来越多的人从事数据分析工作，也有越来越多的人希望未来能够转行为数据分析师或数据科学家。

3.1　数据分析师与数据观

要想成为一名优秀的数据分析师，不仅要具备正确的数据观，还需要帮助企业里的其他合作方树立正确的数据观。

数据观就是看待数据的态度，代表了人们对数据的认知。数据观决定了数据分析师在企业中能够发挥多大的价值。

3.1.1　数据——从资源到资产

在大数据时代，人们越来越关注数据的价值。不同的企业对数据的利用率是不一样的，甚至企业的各个部门、各个个体对数据的利用率都是不一样的。那么对数据的利用程度受到哪些因素的影响呢？数据观的影响最大。

数据利用率高的企业往往把数据当作"资产"，而不仅仅是"资源"。

对于企业而言，将数据看作资源或资产有什么样的区别呢？

在会计学中，资产是指企业过去的交易或事项形成的、由企业所拥有或控制的、预期会给企业带来经济利益的资源。也就是说，资产是一种特殊的资源，是能够给企业带来利润、带来价值的资源。

例如，如果一个池塘中不养鱼、不种植任何经济作物，它就只是一种自然资源。如果我们在这个池塘中养鱼或者种植一些经济作物，并且通过出售获利，它就会变成一种资产。

在日常的经营活动中，企业积累了大量的数据。特别是互联网企业，用户数据动辄数以亿条计。如果企业的数据仅放到数据库中，不加以利用，那么对于企业来说数据就只是资源，而不是资产。图 3-1 所示是资源和资产的区别。

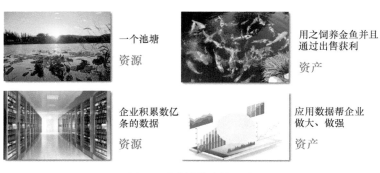

一个池塘
资源

用之饲养金鱼并且
通过出售获利
资产

企业积累数亿
条的数据
资源

应用数据帮企业
做大、做强
资产

图 3-1　资源和资产的区别

数据可以帮助我们做什么呢？最直接地，数据可以帮助我们制作报表、图等，以帮助我们更好地理解业务，毕竟"一图胜千言"。但是数据绝不仅仅是我们制作图表的"原材料"，数据实际上可以在方方面面对业务发展产生深远的影响。图 3-2 展示了数据能够帮我们做的事情。

图 3-2　数据能够帮我们做的事情

我们不仅可以利用数据完成经营分析、风控建模、业务报警、业务预警，还可以利用数据（例如，使用 A/B 测试的结果为产品迭代和优化提供方向）为产品优化提供依据。当然，数据还可以帮助我们更加智能地赋能业务，例如，用户体验提升、个性化推荐、用户画像绘制、战略分析等。

3.1.2 从数据到应用经历的"惊险的一跳"

在企业中产生价值，使数据从资源变为资产，需要经过"惊险的一跳"。

"惊险的一跳"这个概念源自马克思的政治经济学理论。马克思在政治经济学理论中阐明，劳动产品变成商品会经过"惊险的一跳"，如果跳跃不成功，"摔坏"的不仅是商品，一定还有商品所有者。

这句话应该如何理解呢？如果生产者生产出来的产品卖不出去，那么亏本的一定是生产者自己。

将这样一句话稍加迁移：如果企业在日常业务中"囤聚"的大量数据无法应用到赋能业务的过程中，就没有完成数据的"惊险的一跳"。所谓数据经过的"惊险的一跳"实际上就是从资源到资产的过程，也是从数据本身到数据应用的过程。

数据分析师就是企业的数据成果的生产者，数据以及基于数据生产的见解就是数据分析师的"产品"。如果数据分析师的数据见解没有得到认可，没有业务方愿意利用，那么受挫的一定是数据分析师自己。这个时候，数据分析师会觉得工作缺乏成就感等。

因此，企业中数据的"惊险的一跳"——从资源变为资产，需要数据分析师全力以赴。而数据分析师作为企业中的"数据生产者"也与市场上的真实生产者面临同样的问题，即如果"惊险的一跳"没有完成，受挫的不仅有企业，还有数据分析师自己。

在企业中，数据从资源到资产一般会经历 5 个阶段，如图 3-3 所示。

报表与查询　　多维分析与警报　　统计分析　　预测及建模　　优化

图 3-3　数据从资源到资产需要经历的 5 个阶段

在报表与查询这一阶段，数据分析能够帮助我们确定业务是否发生了问题。

该阶段中，数据分析师需要定期生成报表（日报、周报等）或即席查询。这一阶段中的数据分析师在技能方面处于初级水平，主要依托各种各样的报表或 Excel 文件为业务提供简单的决策依据，他们对于提供更深层次的原因解释、更长期的指导性意见是无能为力的。

在多维分析与警报这一阶段，数据分析能够帮助我们回答问题出在哪里，问题在哪些指标和维度上表现异常。

在这一阶段，在数据分析师、开发人员、产品经理、运营人员等的努力下，企业已经构建了一套合理的指标体系，并且能够利用系统对业务数据现状进行多维度拆分。通过数据分析，企业可以发现部分原因，并且通过警报指出问题、预防问题。

在统计分析这一阶段，数据分析能够帮助我们更好地回答问题的表现是什么，问题的出现与哪些因素有关系。

这一阶段中，数据分析师已经习惯于去挖掘问题或者异动发生的原因，并且通过探索性数据分析（Exploratory Data Analysis，EDA）、回归、聚类、因子分析等方法，对历史数据进行进一步分析，挖掘原因，总结规律。

在预测及建模这一阶段，数据分析能够帮助我们更好地解答业务将来会怎样，用户会做什么。

在这一阶段，企业数据基础设施（数据仓库、商务智能或者 A/B 测试等内部数据系统）建设已经相对完善，数据分析师经过与业务的长期磨合和自身的不断精进，也具备了非常强的专业素养和技能水平。此时数据分析师一方面可以通过趋势性分析（如时间序列、面板数据分析），理解未来趋势及其对业务的影响；另一方面，可以基于自身对业务的理解，利用数据分析、数据挖掘技术，基于用户画像、A/B 测试等多种工具，对业务进行更有效的数据赋能。

在优化这一阶段，数据分析能够帮助我们更好地解答如何把事情做得更好。

此阶段中，数据分析师、企业的数据系统和业务就像一台机器上严丝合缝的齿轮一样，能够无障碍合作，推动产品不断迭代、优化。数据分析师除具备较高的技能水平之外，还具备对业务的"掌控感"和主人翁意识。数据分析师尤其能综合考虑资源及需求，使数据洞察和数据分析的成果落地，对业务进行优化和赋能。

在这 5 个阶段中，数据分析师发挥的作用越来越重要，企业在利用数据赋能业务方面也是渐入佳境的。这 5 个阶段中，对数据分析师在专业技能、业务敏感性以及与业务磨合的顺畅程度上的要求都是越来越高的。

对数据分析师岗位的一些理解

在将数据从资源变成资产的过程中，数据分析师发挥着重要的作用。数据分析师是这一过程的推动者和执行者。

那么数据分析师究竟是一个什么样的岗位呢？

3.2.1 数据分析师应具有的能力

随着企业对数据赋能关注程度的逐步深化，数据分析师这样一个岗位越来越受到关注。在人才市场上，数据分析师岗位缺口较大，薪水较高。每年都有许多应届毕业生想做数据分析师，也有许多非数据分析师岗位的人想要转岗为数据分析师。

在招聘类 APP 上搜索"数据分析师"，从返回的结果中，经常可以看到各家公司对于数据分析师岗位都给出了不错的薪资待遇。

那么什么样的人适合做数据分析师呢？我们从专业背景和岗位背景两个角度进行解读。

从专业背景来讲，一般认为具有数学、统计学和计算机科学与技术专业背景的职场人员或者应届毕业生与数据分析师这个岗位相对匹配。

除这几个专业以外，其他专业背景的从业者就不适合做数据分析师了吗？当然不是，某些从事数据分析相关工作的人员所学的专业并不是以上 3 个专业。作者之前管理的数据团队中成员的专业分布如图 3-4 所示。可以看到，他们的专业并不局限于以上 3 个专业。

也就是说，数据分析师这样一个岗位对从业者的专业背景有要求，但是它的包容性很大。这可能是因为数据分析或者数据挖掘本身是一项融合度比较高的工作。

与数学、统计学、计算机科学与技术专业出身的数据分析从业者相比，其他专业出身的数据分析从

图 3-4　笔者之前管理的数据团队中成员的专业分布

业者或许在理论知识或工具的操作上需要花费更多的学习成本，但是其本身的专业知识也会与数据分析发生"碰撞"，产生一些意想不到的"火花"。

例如，数据分析或者数据挖掘中的与 NLP（Natural Language Processing，自然语言处理）相关的内容会借鉴语言学和新闻学的理论；定性研究和定量研究的思路可能来源于社会学或者心理学；经济学中的供求理论、价格弹性等要素也时常被引入数据分析和数据挖掘中（例如，在打车软件不同时段的车辆调度和定价的数据挖掘和数据分析过程中，就常用到这些经济学的理论）；面板数据分析和一些因果推断分析方法也来源自经济学。

"熵"本身是一个物理学的概念，它表示系统"内在的混乱程度"。后来信息论创始人香农将熵这个概念引入信息论，作为信息量的度量。再后来这个概念被引入数据挖掘领域，例如，决策树算法中生成树的方式就与熵有关。

如图 3-5 所示，数据分析并不是一个孤立的领域，数据分析受不同学科、不同领域的影响。不同专业出身的从业人员在从事数据分析工作的时候，反而容易迸发出跨界的火花。

图 3-5　数据分析并不是一个孤立的领域

【案例 3-1】 万有引力公式在数据分析领域的应用

万有引力理论指出两个物体之间具有引力，而该引力的大小与其质量成正比，与其空间距离的平方成反比，用公式可以表示为

$$F = \frac{Gm_1m_2}{r^2}$$

其中，G 是引力常量；m_1、m_2 分别代表两个物体的质量；r^2 是两个物体空间距离的平方。

到了 19 世纪，许多学者把万有引力理论迁移到了社会学和经济学的研究中。其中，英国人口统计学家 Ravenstein 将万有引力模型引入人口分析，首次开辟万有引力理论从物理学到社会学研究领域的迁移。

20 世纪 60 年代，国际贸易领域的研究中开始引入万有引力模型。Tinbergen 用 GDP（Gross Domestic Product，国内生产总值）来替代万有引力模型中的物体质量，用国家间的距离来代替物体间的距离，来解释两个国家双边贸易的流量问题，得出的结论是两个国家的贸易关系主要取决于两个国家的经济规模和两个国

家的地缘距离。

这是物理学理论被引入经济分析中的一例。

近些年来，某社交网络公司甚至将万有引力公式引入陌生人之间的吸引力的分析中。该公司的数据分析师将万有引力公式进行了又一次迁移，他们用万有引力公式来衡量两个陌生人之间的吸引力。他将万有引力公式中的分子换成两个陌生人的各种属性（如颜值得分、活跃水平等）的向量集合，分母是两个陌生人之间的距离。两个陌生人的距离越近，其他各种属性值匹配程度越高，他们之间的吸引力就越大。

3.2.2 数据分析师应具备的技能

数据分析师的技能树如图 3-6 所示。

数据分析师应该学习和掌握一些数理统计和数据挖掘知识，并能够灵活在业务中使用相关工具和方法。

逻辑思维是指数据分析师遇到问题之后会依据什么样的思路或者框架分析问题。逻辑思维能力可以充分体现一名数据分析师的经验之一。相对于初入行的分析师，在数据分析领域深耕多年的分析师的分析会更具逻辑性。这在很大程度上是因为他们在工作中积累了大量

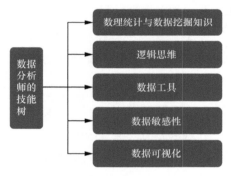

图 3-6　数据分析师的技能树

的经验，例如，使用金字塔原理、多维分析模型、第一性原理等。

数据分析师在日常的工作中会用到各种各样的工具，这些工具非常重要。

结构查询语言（Structure Query Language，SQL）能够帮助我们从数据库中获取所需的数据。在互联网企业中，数据分析师需要使用 SQL 访问和处理数据库中的数据，这类数据库包括 MySQL、SQL Server、Access、Oracle 等。不同数据库语言的语法大同小异。当然，在大数据的分析场景下，Hive 也提供了丰富的 SQL 语句来分析存储在 Hadoop 分布式文件系统中的数据。

对于应届毕业生和其他想转行做数据分析师的职场人员来说，SQL 的学习成本并不高。SQL 是一名数据分析师必须掌握的技能。

数据可视化工具可以帮助数据分析师制作出直观、好看的图表，提升数据的

展现力。PPT 就是一种简单的数据可视化工具。另外，Tableau 也是一款非常优秀的数据可视化工具。

在数据分析师的日常工作中，基础的数据分析任务可以用 Excel 完成，更加复杂的数据分析任务则需要更加专业的工具，如 SPSS、R 和 Python 等。

数据分析师应该锻炼自身的数据敏感性。数据敏感性包含两个方面的内容：一是对量级的敏感，即对数据指标日常的量级水平、异常值或者异常变动敏感；二是快速心算能力。

"一图胜千言"。数据可视化是数据分析师表达观点的强有力的工具。数据可视化是指用图形化的方式展示信息，让数据中的信息更加直观地展示在信息使用者面前。一方面，针对数据的特点和展示的目的，数据分析师需要选择合适的图表展示方案。例如，我们展现趋势的时候一般用折线图，展示关系的时候一般用散点图。另一方面，数据分析师需要熟练掌握可视化工具的使用方法，这样才能更加高效地为数据信息使用者传达数据所蕴含的信息。

综上所述，数理统计与数据挖掘知识、逻辑思维、数据工具、数据敏感性、数据可视化是数据分析师必备的技能。

3.2.3　数据分析师不要单打独斗

在使数据从资源变成资产的过程中，要杜绝"谷仓效应"（silo effect）。所谓"谷仓效应"，是指企业内部因缺少沟通，部门间各自为政，只有垂直的指挥系统，没有水平的协同机制，就像一个个谷仓，各自拥有独立的进出系统，但缺少谷仓与谷仓之间的沟通和互动。

数据分析师不要单打独斗。数据分析师需要和其他业务相关方合作，这样数据分析师的分析见解和成果才能发挥作用。图 3-7 展示了数据在企业中产生价值的流程。

在数据产生的过程中，当用户使用产品的时候，开发工程师和数据仓库工程师需要将数据收集起来并且存入数据仓库中，这样数据分析师才能使用数据。数据分析师对数据进行加工、挖掘和分析之后，需要将分析的结论反馈给产品经理以帮助他们优化产品设计，也需要将分析的结论反馈给销售人员，为其提供决策依据……数据分析师需要在企业中与各方通力合作，这样数据分析的洞见才能真正为业务赋能。

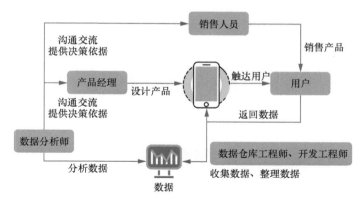

图 3-7 数据在企业中产生价值的流程

第 4 章　数据分析师的思维方式

数据分析师如何才能不仅仅被当作"数据的搬运工"呢？只有当数据分析师真正对数据进行精心加工，形成有价值的数据分析报告或数据分析见解时，数据分析师才能被认可！

形成有价值的数据分析报告和见解并不是一件简单的事，但也不是一件遥不可及的事。这并不要求我们掌握多少高深、繁复的算法或统计学的知识。数据分析师首先应该做的是在自己脑中建立一套科学、规范的数据分析思维方式。

本章介绍数据分析师应培养的思维方式。这套思维方式简明易学。这套思维方式包括"一根线、两个字"。

4.1　数据分析的基本流程——形成"一根线"

"一根线"是指什么呢？它是指一套公认的数据分析和数据挖掘的流程。这套流程可用 CRISP-DM 模型表示。如果能够在平时的数据分析工作中加以练习，活用这套流程，数据分析师得出的结论就会更加准确、客观。

CRISP-DM 模型为数据分析或者数据挖掘提供了完整的过程描述。该模型将一个数据分析或者数据挖掘任务分为 6 个不同但顺序并非完全不变的阶段，它们分别是业务理解、数据理解、数据准备、建模、模型评估和模型发布，如图 4-1 所示。

第 1 阶段是业务理解。

我们不可能仅仅通过一次数据分析解决所有的问题。一次数据分析往往只能帮助我们解决特定问题。所以数据分析师在接到一个数据分析任务后，首先需要对任务的目标和边界进行理解。在这一阶段，数据分析师需要弄清楚以下 4 个问题。

● 做这次数据分析任务的目标是什么？

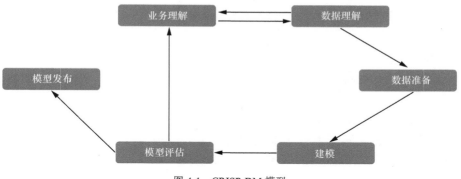

图 4-1　CRISP-DM 模型

● 要求是什么？

● 怎么确定任务的业务边界？

● 做好以后可以如何提升业务水平？

第 2 阶段是数据理解。

在这一阶段，数据分析师要罗列所需的数据指标，并且对指标进行界定。正如"一千个人眼中有一千个哈姆雷特"，一千个人眼中可能有一千种指标解读方式。如果对指标不能清晰界定，就会造成分析结果产生偏差或者分歧。在数据理解阶段，数据分析师需要弄清楚如下问题。

● 要达到第 1 阶段的分析目标，需要依托哪些数据指标？

● 这些指标的数据口径如何定义？

这里的口径包括数据指标计算的时空范围如何界定。

第 3 阶段是数据准备。

在数据准备阶段，数据分析师需要做的是数据获取以及数据清洗。数据获取的方式分为内部获取和外部获取。所谓内部获取，就是从企业内部数据库中通过 SQL 等查询并获取所需的数据。外部获取既可以通过发放市场调研问卷的方式实现，也可以通过搜集网络公开信息的方式实现。

在获取数据之后，有时数据分析师还需要花费大量精力进行数据清洗。我们获取的数据中可能有比较多的不符合我们分析要求的数据，我们需要对其进行加工后才能使用。数据清洗和加工的过程包括异常值处理、数据编码、数据离散化、数据标准化等。

第 4 阶段是建模。

这里的建模并不仅仅是指构建统计模型或者机器学习模型，从广义上讲，这里的建模其实是指构建一种输入指标和目标现象之间的联系。例如，我们输入企业投入成本、市场营销人员数量等数据，构建的模型会告诉我们获得多少收益。

第 5 阶段是模型评估。

在构建完模型之后，我们需要通过各种方式对模型效果进行评估。如果模型效果理想，我们就可以直接发布模型、应用模型。如果模型效果不理想，我们还需要修正模型。

第 6 阶段是模型发布。

在模型优化到一定程度之后，我们就可以发布模型，让这个模型解释现象、赋能业务。

使用 CRISP-DM 模型会让一名数据分析师的分析报告看起来很专业。在日常的数据分析过程中，如果一名数据分析师针对要解决的业务问题擅长利用 CRISP-DM 模型得出分析报告，那么这位数据分析师是一名专业的、经验丰富的、训练有素的分析师。

很遗憾，在工作中，许多初级与中级数据分析师的分析流程并没有按照以上这套流程进行。他们尤其容易忽视以上 6 个阶段中的第 1 阶段（业务理解）和第 2 阶段（数据理解），这使得他们的分析报告显得不严谨而且杂乱。

下面我们可以通过在企业中招聘数据分析师时的一道面试题更好地理解 CRISP-DM 模型。面试官时常在面试中通过这样一道面试题考查数据分析师候选人的分析思路。

面试题如下。

中国有一句谚语："今冬麦盖三层被，来年枕着馒头睡。"如果要求依据这句谚语写一篇数据分析报告，你会如何构思？请你思考 2 分钟之后作答，介绍思路即可。

这是一句家喻户晓的谚语。这句谚语中的"被"是一个比喻，是指冬天降雪量大，雪覆盖了地表，就犹如白色的被子盖在麦苗上。"三层被"比喻雪厚。"来年枕着馒头睡"是指来年"麦"这种作物会丰收。这句谚语的整体意思就是如果本年冬季降雪量大，来年可能会出现丰收的景象。

在回答这个问题的时候，很多候选人会说可以从中国气象局网站或者国家统计局网站上搜集相关数据，利用数据，看是否存在降雪量和粮食产量的相关性。

这样的答案并没有错，但仅仅说出这一点，表明其分析思路是不完整的。

关于这个问题，利用CRISP-DM模型分析的步骤如下。

答案 ▮

第1步是业务理解。

首先我们要尝试理解，针对这句家喻户晓的谚语进行数据分析的目的是什么。可能有两个目的——验证性目的和实用性目的。验证性目的是指利用数据验证这句话是否正确。实用性目的是指如果这句谚语正确，我们可以利用它所蕴含的知识指导农业生产，提高粮食产量。

要想通过数据分析达成这两个目的，我们就要研究降雪量与麦产量的关系。

以上是我们基于这句谚语进行的业务理解。

第2步是数据理解。

有了对业务目标和分析目标的理解，我们就需要对数据进行深入理解。

数据理解是指理解数据的边界，定义清晰的数据指标。有时候，对于看似清晰的指标定义，其实不同的人的认知会很不一样。

这句谚语是简简单单的一句话，如果要从数据分析师的角度拆解这句话，则有很多需要确定的口径。

图4-2所示是数据理解——对指标口径的界定。

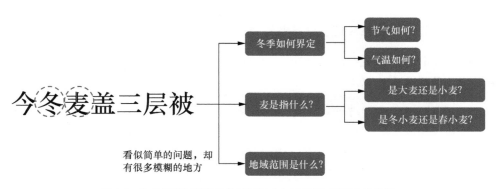

图4-2 从指标口径界定的角度拆解"今冬麦盖三层被"这句话

首先我们要界定"冬"的概念。冬季可以是时间概念，也可以是和温度相关的概念。但既然是与农时相关的谚语，我们就以农历的节气为依据，以"立冬"开始且以"大寒"结束的这段时间为冬季。我们主要观测这段时间各地降雪的情况。

我们还需要界定"麦"的概念。这决定我们要搜集什么数据。从种类来讲，麦有大麦和小麦之分。该谚语的后半句提到"来年枕着馒头睡"，而人们一般用小麦做馒头，所以这里的"麦"初步定义为"小麦"。而人们会种植两季的小麦——冬小麦和春小麦。冬小麦可在当年9～10月播种，在来年5～6月收获；春小麦可在4～5月播种，在7～8月收获。春小麦并不过冬，该谚语中提到的情形只会影响冬小麦的收获。所以，该谚语中的"麦"的数据口径定义为冬小麦。我们在国家统计局网站上需要收集的是各地历年冬小麦的产量数据。

另外，还有一个隐含的口径，那就是地域范围。我国地大物博，不同地区的气候条件、物产也都有所不同，并不是所有地区都是小麦的主产区。所以我们选择冬小麦年产量大于100万吨的地区进行研究。

综上，经过数据理解，我们明晰了我们验证这句谚语所需要的两组数据口径：

- 全国北方地区若干年中从"立冬"到"大寒"期间的降雪情况数据；
- 全国冬小麦产量大于100万吨的地区若干年中冬小麦的产量数据。

第3步是数据准备。

数据准备包括数据获取和数据处理。一般而言，我们在进行数据分析时，数据获取的方式分为内部获取和外部获取。我们在这个问题中所需要的数据主要从外部获取。在获取数据以后，数据可能存在各种各样的问题，并不能立刻使用。比如，数据可能存在异常值、缺失值等问题，或者需要将数据进行转化和编码，以满足我们的需求。通过数据编码、数据清洗（即处理缺失值、异常值的过程）等方式使数据合乎需求的过程就是数据处理。

为了验证这句谚语，我们可以从中国气象局网站上搜集降雪的地区数据，从国家统计局网站上获取冬小麦的产量数据，并针对这些数据进行数据处理。

我们从网络上获取了2017年、2018年、2019年农历冬季不同地区降雪天数数据并发现，这3年冬季大范围降雪的分布存在着地域差异：2017年冬季降雪集中在东北地区、华北地区和西北地区；2018年冬季降雪则集中在西北地区，青海、新疆的降雪天数比其他年份的更多；2019年冬季降雪仍然集中在东北地区、华北地区和西北地区。

我们从国家统计局网站上获得了各地区冬小麦的年产量。由于2019年的数据中小麦产量不再区分冬小麦和春小麦产量，因此我们根据前3年各地区冬小麦、春小麦产量占比来估算2019年各地冬小麦产量。2016—2019年全国一共有11个地区冬小麦的年产量大于100万吨，具体数据如表4-1所示。

表4-1　2016—2019年全国冬小麦年产量大于100万吨的地区情况　　　　单位:万吨

地区	2019年冬小麦产量	2018年冬小麦产量	2017年冬小麦产量	2016年冬小麦产量
河南	3741.8	3602.9	3705.2	3618.6
山东	2552.9	2471.7	2495.1	2490.1
安徽	1656.9	1607.5	1644.5	1635.5
河北	1457.9	1446.1	1499.4	1475.3
江苏	1317.5	1289.1	1295.5	1245.8
湖北	390.7	410.4	426.9	440.7
陕西	382.0	401.3	406.4	403.2
新疆	363.9	368.2	388.8	421.9
四川	243.5	244.7	248.8	256.7
山西	226.2	228.6	232.4	229.2
甘肃	177.6	172.0	174.3	173.3

由于本例中所获取的数据是从国家统计局网站中获取，数据质量和可用性都很高，因此不用进行数据处理。但是，在大多数数据分析场景中，数据处理是必不可少的一个环节。

第4步是建模。

在准备数据之后，我们可以根据降雪量和次年的冬小麦产量数据探究二者的关系，分析其相关性。我们需要判断的是如果前一年冬季的降雪量相对其他年份的平均值较大，会不会使得来年的冬小麦产量有较大提升。

我们可以利用条件概率相关的方法或者相关系数法去验证降雪量和冬小麦产量是否存在一定的关系。

第5步是模型评估。

根据数据建模之后，我们可以验证我们的论断是否正确。

经过验证，我们看到，不同地区每年降雪天数的波动是比较大的，但是各地区的冬小麦产量相对稳定。因此我们可以初步断定，"今冬麦盖三层被，来年枕着馒头睡"这句谚语在我国当前小麦主产区已经不太能够反映客观情况了。

"今冬麦盖三层被，来年枕着馒头睡"这句谚语之所以过去在农村地区广为流传，是因为结合产生的时代背景，该谚语是有一定道理的。在这句谚语产生的时代中，农业技术水平相对落后，农民普遍"靠天吃饭"。当时降雪量和来年冬小麦产量之间存在一定的相关性，其中可能有两个方面的原因：一是雪的保温作用，较厚的积雪可以帮助麦苗保温，帮助其"越冬"；二是雪在春天融化之后，会给冬小麦提供水分。

但是随着当代农业技术越来越发达，冬小麦的保温和灌溉越来越不依赖冬天的雪，粮食产量日趋稳定。所以这句谚语在很大程度上也就不能反映实际情况了。

有了模型评估的结果之后，我们就可以对模型进行修正。

例如，我们原先的模型中对于粮食产量的分析只引入了降雪量，这显然是不够的。我们还可以引入更多的变量，例如，肥料使用量、小麦耕地面积、光照量、气温、农民生产积极性等（例如，前一年小麦价格、国家政策扶持等）。

第6步是模型发布。

对模型进行修正之后，我们可能会获得一个更有指导性的冬小麦产量预测模型。如果新的模型对冬小麦产量有较好的预测效果，我们就可以将新的模型进行发布，用模型中体现的相关性来指导农业生产和实践。

以上就是关于数据分析流程的"一根线"——CRISP-DM 流程的介绍。下面我们介绍数据分析的两个思维模型——"两个字"。

4.2　数据分析的两个重要思维模型——"树"与"田"

数据分析有两个非常重要且好用的思维模型，这两个思维模型不涉及任何的统计理论和机器学习理论，它们简称为"树"思维和"田"思维，如图4-3所示。

图 4-3　数据分析的两个重要的思维模型——"树"和"田"

4.2.1 "树"思维

"树"思维实际上是指基于"金字塔原理"。金字塔原理是来源于咨询行业的一套赫赫有名的思维方式，是一种结构化思考和表达的工具，它可应用于思考、写作、沟通等各个方面。金字塔原理说起来非常简单，就是利用树状结构拆解和表现复杂问题，从一个复杂问题（树根）开始按照一定维度进行拆解，在问题被拆解清晰前，一层一层往下拆，直到将复杂问题拆解成足够清晰、足够简单的子问题为止，如图4-4所示。

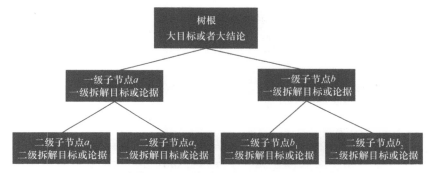

图4-4 金字塔原理——利用树状结构去拆解和表现复杂问题

金字塔原理是一种非常重要的思维方式，被用在社会生活中的方方面面。

【案例4-1】 杜邦分析法

财务领域著名的杜邦分析法就是金字塔原理的具体体现：它以代表公司股东权益收益水平的净资产收益率（Return On Equity，ROE）为根节点，将其逐层拆分为一些子指标。

杜邦分析法中，针对净资产收益率进行的第一层拆解是将其拆解为总资产净利率和权益乘数的乘积，即

$$净资产收益率=总资产净利率×权益乘数$$

其中，总资产净利率代表企业资产获取收益的能力，而权益乘数代表企业引入外部资源或者资金为我所用的能力。

杜邦分析法的第一层拆解的业务含义是如果要提高公司股东权益的收益水平，有两条路可走。一是"苦练内功"，提升资产的盈利能力；二是"借力打力"，引入更多的外部资源。

进行完第一层拆解之后，杜邦分析法还会对总资产净利率指标进行进一步拆

解，逐步形成图4-5所示的树状结构。

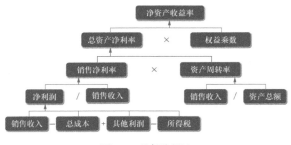

图 4-5 杜邦分析法

通过杜邦分析法一步一步的拆解过程，我们就能够了解一个企业的经营状况。

我们在现实的工作中，针对一个数据分析任务，构建树状结构的方式主要有两种——自上而下的演绎和自下而上的归纳。

1. 自上而下的演绎

有时候我们要对一个大问题或一个复杂分析任务进行分析，首先，我们需要列出想要分析的大问题（也就是树状结构的根节点）。然后，我们可以将这个大问题按照一定维度拆解成一些小问题，进行各自的解析。如果一次拆解不够，还可以针对这些小问题做进一步的拆解，一直拆解到问题足够清晰、简单。拆解完成之后，我们寻找可获得的数据和素材以分析并验证这一个又一个的小问题。如果这些小问题都得以解决，那么最初的那个大问题就迎刃而解了。自上而下的演绎如图4-6所示。

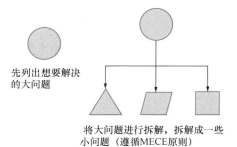

图 4-6 自上而下的演绎

在将一个上级问题拆分成许多小问题时，要注意，同一层级的小问题要遵循MECE（Mutually Exclusive Collectively Exhaustive，互斥、完全穷尽）原则。也就是说，对于一个重大的问题，要做到不重叠、不遗漏地拆解，而且能够借此有效把握问题的核心，并找到解决问题的方法。

综上所述，自上而下地生成一个树状图是指我们从一个根节点出发，逐步按照不同的维度将根节点拆解成一系列的子节点。这里的根节点可以是一个大目标、大任务等。

2．自下而上的归纳

在另一些场景下，我们首先要多收集零散的数据或论据，然后基于这些细小的数据或论据进行逐层的归纳，最终形成一个大结论，如图4-7所示。

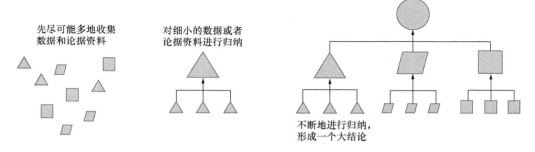

图 4-7　自下而上的归纳

一般来讲，当我们对分析任务所涉及的领域比较熟悉的时候，我们可以用自上而下的演绎方式，因为此时可以做到高屋建瓴，从"树根"（核心目标问题）开始，"开枝散叶"，形成一棵"树"。而当我们对所需要分析的问题不太熟悉的时候，则应该采用自下而上的归纳方式，从收集尽可能多的数据和论据开始，一步一步地归纳出一棵"树"。自下而上的"树"能够帮助我们见微知著、逐步深入。

《隆中对》其实就暗合了基于自下而上的金字塔原理的分析思路。

【案例4-2】 《隆中对》中的金字塔原理

诸葛亮被视为智慧的化身。诸葛亮的"智"其实不仅指智力，还体现在超前的思维方式上。《隆中对》就体现了自下而上的金字塔原理的思维方式。

刘备为了寻访贤才，三顾茅庐，终于见到了诸葛亮。刘备诚心地对诸葛亮说："汉室倾颓，奸臣窃命，主上蒙尘。孤不度德量力，欲信大义于天下；而智术浅短，遂用猖獗，至于今日。然志犹未已，君谓计将安出？"诸葛亮基于大量的细分论据，逐步归纳，为刘备规划了一条道路。我们将《隆中对》中的思路绘制出来，就是一个自下而上的树状图，如图4-8所示。

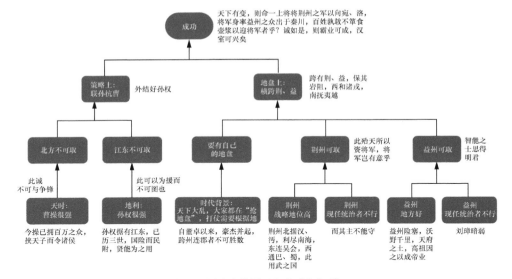

图 4-8　用金字塔原理表现《隆中对》

　　刘备听了诸葛亮的分析，深以为然，遂请诸葛亮出山。后来，《隆中对》中的规划果然一步一步地实现，刘备果然横跨荆、益，而且关羽威震天下，刘备军队的声势一度达到巅峰。若不是后来关羽没有遵循《隆中对》中的"联孙抗曹"策略，导致孙权"从背后插一刀"，《隆中对》中汉室复兴的计划完全有可能实现，实在令人喟叹。

4.2.2　"田"思维

　　"田"思维实际上指使用二元分析法则，即通过两个不同的维度分析一件事情。"田"思维同时考虑两个维度，如图 4-9 所示。

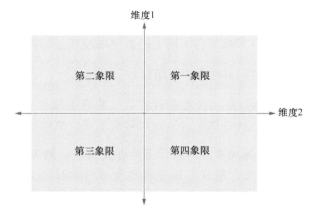

注意：两个维度不能过于相关

图 4-9　"田"思维同时考虑两个维度

我们在日常生活中的一些场景下也接触过"田"思维。例如，在进行时间管理时，经常会用到图 4-10 所示的矩阵，我们用"紧急"和"重要"两个维度将我们要完成的工作分成 4 个象限。这实际上就是一个应用"田"思维的示例。

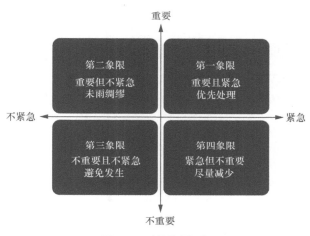

图 4-10　时间管理矩阵

另外，在市场调研领域的满意度调研中，我们也会利用"田"思维构建模型。在市场调研领域，常常需要针对用户对某个产品的不同属性的满意度进行调研，通过问卷了解用户具体对某个产品的哪些方面满意，对哪些方面不满意。例如，我们要针对用户对一款空调产品进行调研，想具体了解用户对这款产品的外观、制冷效果、耗电量、噪声等因素的满意度。

市场调研公司进行用户满意度调研的时候常采用一种叫"因素-重要性推导模型"的研究工具进行分析。这种研究工具就用"重要性"和"满意度"两个维度将某一款产品的各项因素分成图 4-11 所示的 4 种类型。

在图 4-11 所示的四象限图中，原点是横纵轴坐标（表示

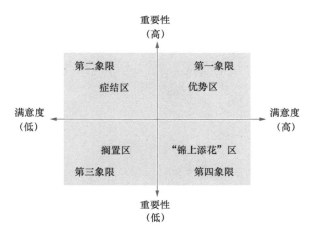

图 4-11　因素-重要性推导模型

满意度及重要性得分）的均值或者中位数（代表平均水平）。

如果用户认为产品某一因素的重要性很高，而且用户对产品的这个因素满意度也很高，那么说明这个因素对于产品来讲是优势和卖点（对应第一象限的优势区）。

如果产品某一属性对于用户非常重要，但是用户对其不满意，那么这个因素对于产品来讲就是亟待改进的因素（对应第二象限的症结区）。

如果用户对产品某一属性不太满意，同时用户认为这个属性不重要，那么对于这个属性我们可以暂时不管它，不做优化（对应第三象限的搁置区）。

如果用户对产品某一属性比较满意，但是用户认为这个属性不重要，那么这个属性对于产品来讲就是"锦上添花"的因素（对应第四象限的"锦上添花"区）。

【案例4-3】 因素-重要性推导模型在某游戏满意度调研中的应用

蓝帆游戏工作室旗下有一款卡牌类RPG（Role-Playing Game，角色扮演游戏）。该工作室的用户研究员针对其用户进行了一次用户满意度调研。调研通过线上问卷的方式进行。在填写完问卷之后，用户可以获得一些游戏内的虚拟道具奖励。问卷不仅针对用户总体满意度进行考量，还针对用户对游戏的剧情吸引力、关卡难度、战斗体验、画面质量、音乐音效、游戏中社交和虚拟道具设计等方面的满意度和关注程度进行调研。

问卷设计中，满意度评价通过量表获得，问卷中的相关问题描述如下。

请选择您对游戏的"×××"方面的满意程度：

□1，非常不满意；

□2，不太满意；

□3，一般；

□4，比较满意；

□5，非常满意。

用户对某一要素的关注程度也通过量表获得，问卷中的相关问题描述如下。

请选择您对游戏的"×××"方面的关注程度：

☐1，非常不关注；

☐2，不太关注；

☐3，一般；

☐4，比较关注；

☐5，非常关注。

该工作室的数据分析师回收用户问卷之后进行了数据分析，用户问卷数据汇总如表4-2所示。

表4-2 用户问卷数据汇总

属性	满意度得分（平均值）	重要性得分（平均值）
剧情吸引力	4.83	4.69
关卡难度	3.56	4.56
战斗体验	4.65	4.78
画面质量	4.78	4.66
音乐音效	4.72	4.21
游戏中社交	3.54	4.31
虚拟道具设计	3.78	3.98

数据分析师根据以上数据绘制了一张"田"字形图，横轴表示满意度得分，纵轴表示重要性得分。将游戏上述7个属性的满意度得分和重要性得分绘制入这张图中，并且以所有属性的满意度和重要性得分平均值作为划分依据，把如上7个属性划分为4类，如图4-12所示。

数据分析师发现，在第一象限的优势区的属性有剧情吸引力、画面质量和战斗体验，这3个方面是该游戏的卖点，需要保持优势。

数据分析师还发现，用户普遍认为关卡难度重要性程度高，但对其满意度较低。这是该游戏做得不好的地方。于是数据分析师进一步针对相对不满意关卡难度的用户进行了深度访谈，了解到用户觉得关卡对于新用户来说难度较大。数据分析师将这一结果反馈给游戏的数值策划人员。于是该工作室调整了关卡难度，用户的满意度和留存率也得以提升。

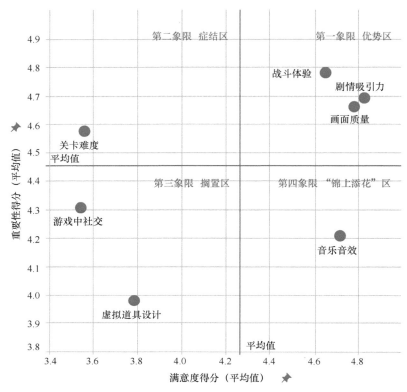

图 4-12 某游戏各属性的因素-重要性推导模型

关于"田"思维,有两点值得一提。

一是我们进行分析时选取的两个因素之间需要有较高的独立性,不能过于相关。如果两个因素过于相关,就达不到从多个角度看问题的目的。因为过于相关的两个角度其实只提供了单一维度的视野和较少的信息量。

二是我们可以不局限于选取两个维度,我们也可以选取更多维度进行更加细致的分类。例如,用户管理领域的 RFM 模型(见图 4-13)就针对 3 个维度将一个公司所有的用户分成 8 类,再对不同类型的用户采用不同的维护策略。

以上介绍了"树"思维和"田"思维。这两种思维模型在我们的日常数据分析工作中要结合使用。下面我们通过一个案例了解数据分析师是如何综合利用这两种方法来解决业务问题的。

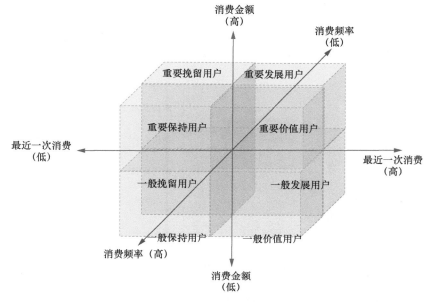

图 4-13 RFM 模型

【案例4-4】 综合利用"树"思维和"田"思维提升电话接起率

Bird公司呼叫中心客服团队非常关注"单位时间内电话接起率"这样一个指标。该指标的定义如下：

单位时间内电话接起率=(客服在电话呼入后单位时间内人工接起电话总量/呼入人工电话总量)×100%

该公司服务规范要求客服人员在接通后10秒内接起电话，所以该客服团队关注的核心指标是"10秒电话接起率"。这个指标对于该公司客服团队来说非常重要，因为这样一个指标体现了呼叫中心客服团队的运营水平，并且直接影响用户的满意度。如果用户有问题，电话咨询却总打不通，那么用户自然会不满意。

某年某月，该公司"10秒电话接起率"突然从95%跌到了75%。呼叫中心负责人非常重视，立刻请数据分析师协助查找原因和症结。数据分析师了解情况以后，先用金字塔原理对这一问题进行了拆解，如图4-14所示。

数据分析师认为，呼叫中心的"10秒电话接起率"受到3个因素的影响。一是业务量，也就是某一段时间内用户拨入的咨询电话数量。在客服人员既定的情况下，如果业务量突增，大量的来电确实会很难全部接起，所以业务量与接起率大致呈现负相关的关系。二是人员安排，人员安排是指诸如排班和调度等因素。

也就是说，人员的总量是否与业务量相匹配，不同岗位人员数量是否与岗位工作量匹配等。如果人员总量或结构安排与现实存在差异，则认为人员安排不合理。人员安排越合理，接起率越高。三是人员效率，人员效率越高，接起率越高。

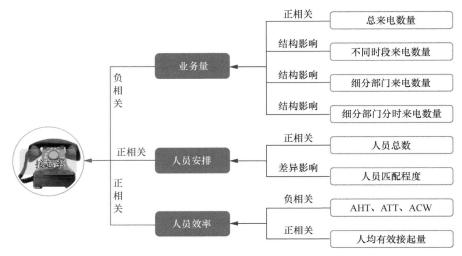

图 4-14　对接起率影响因素的拆解

这 3 个因素还可以继续拆分。数据分析师将业务量因素按照总体业务量、时段、部门等维度进行进一步拆分；人员安排因素按照人员总数和人员匹配程度进行进一步拆分；人员效率因素按照处理时长相关因素和人均有效接起量进行进一步拆分。呼叫中心时长的相关指标是 AHT（Average Handle Time，平均处理时长）、ATT（Average Talk Time，平均通话时长）和 ACW（After Call Work，呼叫后处理时长），AHT= ATT + ACW。

拆分出这样一个树状的分析结构之后，数据分析师便可以分别对每一个节点进行数据验证。在验证的过程中，数据分析师首先发现在接起率下降前后一段时期内业务总量并没有发生什么变化，分时业务量和不同业务的来电量也没有太大变化，所以首先就排除了业务量影响。与此同时，数据分析师发现，人员效率在这段时间也没有发生显著变化。因此数据分析师最终将该公司接起率下降的主要原因锁定在人员安排因素上。数据分析师初步猜想出人员安排不合理（例如，排班计划和业务量不匹配）造成接起率下降。

为了验证这样一个想法，数据分析师将分时业务量贡献率（用分时业务量占比表示）与接起率结合起来分析，以了解全天哪几个时段排班不合理造成了总体接起率下降。其中分时业务量贡献率代表某一时段接起率对整体接起率的影响权重。

于是数据分析师利用"田"思维构建了一个二元分析矩阵，如图4-15所示。

图4-15中，处于优势区的分时业务量贡献率高，接起率高，对平均接起率提升作用较大，是客服团队表现较好、服务质量较稳定的时间段。

处于症结区的分时业务量贡献率高，接起率偏低，对平均接起率有较大的负面影响，是需要重点改进的时间段，也是当前拉低整体接起率的症结时间段。

因为处于搁置区和"锦上添花"区的分时业务量贡献率较低，所以它对总体接起率影响较小。

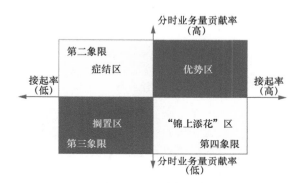

图 4-15　二元分析矩阵

于是数据分析师将每小时的业务量贡献率和该小时的接起率绘制入图中，分别用所有时间段的业务量贡献率占比均值和接起率均值将所有时间段的业务量贡献率、接起率的组合分成4类。数据分析师发现12:00～13:00和18:00～22:00这两个大的时间段内接起率较低，但来电业务量占比大。如图4-16所示，这两个时间段落在了症结区，其接起量低是拉低接起率的主要原因。经过与客服团队负责人的深入沟通，数据分析师了解到，这段时间正好是客服人员换班的时间。因此，拉低整体接起率的症结就是这段时间客服人员换班的过程中交接不畅。于是数据分析师将这一结论反馈给客服主管，客服主管加强了交接班时间的管理，最终使得接起率恢复如初。

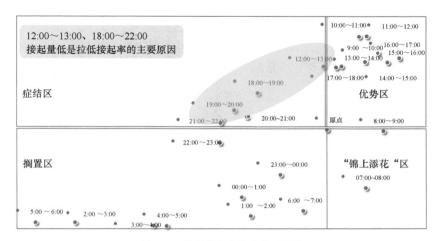

图 4-16　拉低接起率的症结时间段

第 5 章　海盗法则与指标体系建模

著名的管理学泰斗彼得·德鲁克（Peter Drucker）说过一句话："你如果无法度量它，就无法管理它。"用指标去度量业务是管理和决策的基本前提。在企业中，指标并不是孤立存在的。数据分析师常常用若干相互联系、相互补充的数据指标构建出一套指标体系去评价业务。数据指标体系是我们依赖数据做决策的基本的工具，能够帮助我们了解业务现状、监测业务发展健康程度，进而推动问题更快地被发现和解决。互联网数据分析师在工作中会接触到形形色色的数据指标，例如 DAU（Daily Active Users，日活跃用户数）、GMV、ARPU（Average Revenue Per User，平均每用户收入）等。

5.1　海盗法则

"海盗法则"（也称 AARRR 法则）是由硅谷知名风险投资人戴夫·麦克卢尔（Dave McClure）提出，是用户分析领域的一个非常著名的法则。简单来讲，它实际上把用户与我们所提供的产品或服务交互的过程划分成 5 步，并且通过一系列的指标描述和监控用户与产品或服务在这 5 步中的交互表现。这 5 步分别是用户获取、用户激活、用户留存、获取收入和自传播，如图 5-1 所示。

用户获取　　用户激活　　用户留存　　获取收入　　自传播

图 5-1　"海盗法则"

用户获取（Acquisition）也经常称为"拉新"或"获客"，是指通过各种渠道或者手段获取新用户的过程。这一过程所涉及的指标主要用来帮助考查我们所提供的产品或服务获取新用户流量的能力及其成本收益。用户获取过程中具体考查的指标有 DNU（Daily New User，日新增用户数）、不同渠道获客成本（CPA、CPC 等）、不同渠道获得新用户的 LTV、不同渠道获客 ROI 等。

用户激活（Activation）是指刺激并促使用户注册和使用我们所提供的产品、服务的过程。许多图书和文章指出用户激活就是促使用户从下载到注册的过程。这种理解是狭隘的，用户激活的真正含义应该是"使用户活跃"，使用户真正地使用我们的产品，习惯我们的产品，爱上我们的产品。这一过程所涉及的指标主要用于考查我们所提供的产品或服务本身的质量以及对用户的吸引力。用户激活过程中主要考查的指标有 DAU、MAU（Monthly Active User，月活跃用户数）、核心功能 PV、核心功能 UV、浏览时长以及核心流程的漏斗转化率等。

用户留存（Retention）是指促使用户长期、忠诚地使用我们所提供的产品或服务的过程。这一过程主要通过指标来考查 APP 留住用户以及长期满足用户不同需求的能力。在用户留存过程中我们关注的具体指标有第 i 日留存率、MAU、DAU 等。

获取收入（Revenue）即考虑我们所提供的产品、服务的变现能力。商业化是企业的根本要求。在获取收入过程中我们关注的指标有 GMV、ARPU、ARPPU（Average Revenue Per Playing User，平均每活跃用户收入）和转化率等。

自传播（Refer）即促使用户传播和推荐我们所提供的产品或服务的过程。在这一步中我们关注的指标主要是 K 因子、邀请发送量和病毒传播周期等。

这 5 个步骤的英文首字母合起来就是"AARRR"，因为这 5 个字母连起来念很像海盗咆哮的声音，所以这个方法也叫作"海盗法则"。

"海盗法则"所涉及的 5 个步骤并不一定要严格遵循以上的先后顺序，例如，用户很可能在推荐一个产品之后再购买。

"海盗法则"所涉及的 5 个步骤有各自关注的核心指标。数据分析师可以把"海盗法则"各环节的核心指标优化作为抓手，采取不同的策略去赋能业务。"海盗法则"所涉及的 5 个步骤关注的指标如表 5-1 所示。

表 5-1　"海盗法则"所涉及的 5 个步骤关注的指标

"海盗法则"所涉及的 5 个步骤	关注的指标
用户获取	DNU、ROI、LTV、CPA、CPC 等
用户激活	DAU、MAU、PV、UV、浏览时长等
用户留存	第 i 日留存率、DAU/MAU 等
获取收入	GMV、ARPU、ARPPU、转化率等
自传播	邀请发送量、K 因子、病毒传播周期等

"海盗法则"在增长黑客领域赫赫有名。基于"海盗法则"构建的指标体系时常被很多互联网企业奉为圭臬。那么为什么大家要使用"海盗法则"来做指标建模的基础呢？

首先，"海盗法则"讲述了整个企业用户增长的秘密，它关注的是整个用户生命周期，而不仅仅是用户获取或获取收入这样在增长中的某一个重要环节，如图 5-2 所示。

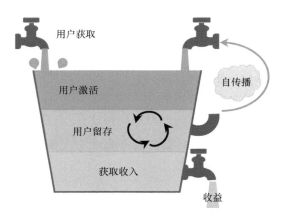

图 5-2　"海盗法则"讲述了整个企业用户增长的秘密

其次，"海盗法则"所涉及的环节与指标是促使产品增长的重要工具，可以帮助我们去优化增长流程。"海盗法则"的每一个步骤都涉及一系列的核心指标。优化"海盗法则"中 5 个步骤的用户体验的秘密就在这些核心指标的拆解中。

一方面，"海盗法则"所涉及的指标可以帮助我们进行数据诊断，并且发现新的业务增长点；另一方面，它可以帮助我们改进现有流程中的不足，修正漏洞。如图 5-3 所示，"海盗法则"是攻防一体的。

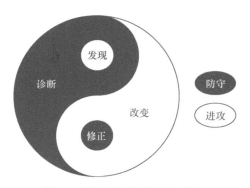

图 5-3　"海盗法则"是攻防一体的

接下来，我们详细介绍这 5 个步骤关注的指标，以及依托这些指标优化增长流程的大致思路。

5.1.1 用户获取

用户获取是"海盗法则"所梳理的增长流程的起点，它时常被许多 APP 或者企业放在非常重要的战略位置。三节课的创始人后显慧（也称为 Luke）在一次会议上说："任何产品都是'生于拉新，死于留存'的。"这句话是说，如果一个产品在获客或拉新方面做得比较好，就能立足，就能持续增长，就能不断壮大。

衡量用户获取工作的核心指标是 DNU，通常是指每日新注册用户数。我们当然可以将某 APP 每天在各个应用市场、官网和其他渠道的下载量作为我们的新增用户量，但这是非常不严谨的，因为这些用户中有很大一部分并没有注册转化，甚至没有打开过 APP。我们一般会采用更严谨的口径，我们将打开 APP 但未注册的新用户叫作访客，打开 APP 并注册的新用户才称为严格意义上的 APP 新用户。

用户获取分析在实践中通常有两个切入点：一是获客 ROI 分析，二是获客漏斗分析，如图 5-4 所示。

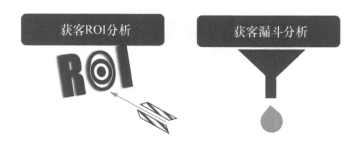

图 5-4　用户获取分析的两个抓手——获客 ROI 分析及获客漏斗分析

1．获客 ROI 分析

ROI 分析即投资回报率分析，也就是分析我们在获客工作中花费的成本是否能为我们带来相应的收益。我们利用 ROI 评估获客渠道的质量，然后根据不同渠道的 ROI 调整不同获客渠道资源投放的比例，以获得企业投放资源的优化配置。

一般而言，一个 APP 会从很多渠道获客。目前市场中比较流行的渠道包括信息流渠道、应用商店、搜索广告等。获客 ROI 分析通常可以帮助我们评估这些渠道质量的好坏。通常做法是基于投放数据，分别计算出每个渠道的获客 ROI 并进行比较。针对获客 ROI 相对较高的渠道，未来加大对其投入。针对获客 ROI 相对较低的渠道，未来减少对其投入。

综上，评估渠道的获客 ROI 能够帮助我们用更少的成本获取更多的收益，如图 5-5 所示。

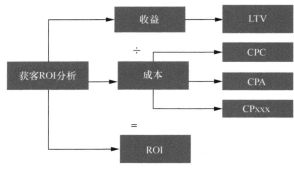

图 5-5　获客 ROI 分析

某渠道的获客 ROI 如何计算呢？

$$某渠道获客ROI=该渠道获客收益/该渠道获客成本$$

2．获客的收益

获客的收益一般用用户的 LTV 表示。用户 LTV 是指平均每用户在其生命周期内为平台贡献的收入。那么用户应该如何计算呢？

LTV 从理论上来说等于所有用户在其生命周期中产生的总收入除以用户总数。即

$$LTV = \frac{所有用户在其生命周期中产生的总收入}{用户总数}$$

LTV 的具体计算方法会在后文详细介绍。

3．获客的成本

互联网企业一般通过广告或者渠道获客，其成本主要是广告或渠道成本。具体来说，广告可以分为两大类——品牌广告（brand advertising）和效果广告。品牌广告是以提高品牌知名度为目的的广告。例如，我们经常看到的电视广告、报纸广告以及公共场所的各种广告牌等都属于品牌广告。这类广告通常以提高品牌知名度为目的，而不以转化为目的，其有效性通常不容易量化衡量。

随着互联网广告行业的发展，出现了一种新的广告方式，这就是效果广告。效果广告（performance advertising）是指在基于效果的广告系统中，广告主只需要

为可衡量的结果付费。例如，效果广告的一种计费方式——CPL（Cost Per Login，每登录成本）就是指我们只需要为每一个新登录用户付费即可。

常用的效果广告成本指标如下。

- CPC（Cost Per Click，每次点击的成本）。CPC=广告或渠道投入总额/其所带来的点击用户数。除需要计算总体的 CPC 之外，公司往往需要根据渠道进行聚合细分，即需要计算渠道甲的 CPC、渠道乙的 CPC 等。

- CPA（Cost Per Action，激活每个用户的成本）。CPA=广告或渠道投入总额/其所带来的激活用户数。

- CPR（Cost Per Register，每注册一个用户的成本）。CPR=广告投入总额/所投广告带来的注册用户数。

- CPL。CPL=广告投入总额/所投广告带来的登录用户数。

- CPT（Cost Per Time，时长付费）。CPT=广告投入总额/计费周期。

- CPI（Cost Per Install，每次安装的成本）。CPI=广告投入总额/所投广告带来的安装用户数。

一般而言，需要付费的可衡量的结果在用户行为漏斗中位置越深，成本越高，即 CPC<CPA<CPR<CPL。

近年来互联网的用户红利逐步消失，用户获取成本越来越高。例如，一位游戏行业的投放负责人介绍，在 2013 年，手游投放的 CPL 仅仅是 8 元/人，但是到 2018 年以后，CPL 已经上升到 100 元/人了。在这样的背景下，评估一个 APP 不同渠道的获客 ROI 就非常重要。

4．渠道 ROI 比较

一般而言，一个 APP 的获客渠道有很多，我们需要对不同渠道的效果进行评估和衡量，以帮助我们选择性价比更高的获客渠道并加大投放。

我们可以计算出每个渠道的 ROI，对其进行比较。如果某些渠道的获客 ROI 较高，我们就针对这些渠道加大投入；如果某些渠道的获客 ROI 较低，我们就应该减少对这些渠道的投入。通过渠道 ROI 评估，我们可以让投放更加有效。

【案例5-1】 某APP两个获客渠道ROI的比较

Fox公司旗下APP的新用户来源主要是两个信息流渠道，其各自成本和收益如表5-2所示。

表5-2　两个信息流渠道的相关数据

渠道	单价	成本计价方式	LTV	平均每日带来新注册用户
信息流渠道 1	35 元/人	CPL	236 元/人	15 403
信息流渠道 2	45 元/人	CPL	238 元/人	21 350

请评估不同渠道 ROI：

信息流渠道 1 的 ROI=(236 元/人)÷(35 元/人)≈6.743

信息流渠道 2 的 ROI=(238 元/人)÷(45 元/人)≈5.289

基于上述分析，该公司可以减少对信息流渠道 2 的投放，增加对信息流渠道 1 的投放。

5. 获客漏斗分析

在优化用户获取环节增长效果时，我们总希望能够提升渠道的获客效率，尽可能多地获得注册用户。除通过渠道获客 ROI 分析优化投放资源配置之外，我们还可以针对获客渠道的用户注册流程进行漏斗分析，来提升获客效果。所谓漏斗分析，即对我们获客的流程漏斗进行梳理，找到流程漏斗中"漏出"较多的并进行优化。

【案例5-2】　某音乐 APP 获客漏斗的优化

某音乐 APP 的一条信息流渠道获客漏斗可以分成 6 步。

第 1 步是信息流广告曝光。

第 2 步是用户点击广告。如果用户对该 APP 在这个信息流渠道上投放的广告感兴趣，他就会点击广告。

第 3 步和第 4 步分别是用户下载 APP 与用户打开 APP。进入这两个步骤的先决条件仍然是用户对该 APP 投放的广告或者 APP 本身感兴趣。

第 5 步是用户填写信息资料。这些资料包括性别、年龄、邮箱等基础信息以及用户感兴趣的音乐内容信息。

在完成前 5 步之后，用户就可以单击"提交"按钮，完成注册。

该音乐 APP 的获客漏斗如图 5-6 所示。

图 5-6　该音乐 APP 的获客漏斗

为了优化该渠道的注册漏斗，该公司的数据分析师对漏斗中各步的总体转化率进行了梳理。所谓总体转化率，是指到达漏斗某一步的用户数量除以漏斗中第 1 步的用户数量。该音乐 APP 获客漏斗的总体转化率如图 5-7 所示。

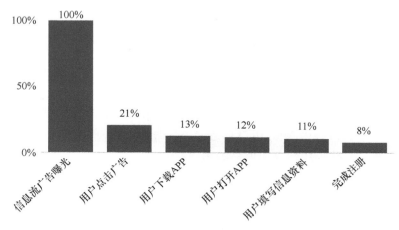

图 5-7　该音乐 APP 获客漏斗的总体转化率

从图 5-7 中可以看出，每 100 次曝光可以获得 8 个注册用户。

其中，从信息流广告曝光到用户点击广告的转化率仅为 21%。数据分析师和产品经理沟通后认为可以从两个方面入手，一是优化所投放的广告的内容，用于打动用户；二是优化信息流目标用户筛选的逻辑，更加精准地对用户进行投放。

更加精准的用户锁定也会提升用户下载 APP 和打开 APP 的比例。

数据分析师还发现，进入信息资料填写页的用户有 11%，但是最终完成资料填写进而完成注册的用户仅有 8%，仍有 3% 的用户没有完成注册流程。经过用户调研，数据分析师发现，用户没有完成资料填写的主要原因是用户认为所需填写的信息太多。于是数据分析师建议简化所需填写的信息。最终所需填写的信息由原先的 8 项减少到 3 项。

在数据分析师、产品经理和投放运营团队的共同努力下，通过一系列的优化，该投放渠道的注册转化率从原先的 8% 提升到 14%。

5.1.2　用户激活

一般来讲，衡量活跃度的重要指标是 DAU。DAU 是指对每天的 APP 活跃 PV 进行去重，反映产品短期用户活跃度。

1．DAU 是一个综合性指标

DAU 是一个非常重要的综合性指标，能够全面反映一个 APP 的用户规模和活跃度。从 DAU 的计算公式中我们就可以发现，DAU 综合考虑了新增用户、留存用户和回流用户：

DAU ≈ 日新增用户+留存用户+回流用户

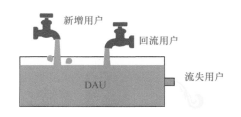

DAU 就像一个蓄水池，这个蓄水池的容量就代表一个 APP 的活跃用户规模。日新增用户（DNU）和回流用户（即之前流失或者卸载当日重新在 APP 中活跃的用户）是这个蓄水池的进水口，流失用户（未留存的用户）是这个蓄水池的出水口，如图 5-8 所示。

图 5-8　DAU 就像一个蓄水池

当然，我们时常也会用 WAU（Weekly Active User，周活跃用户数）和 MAU（Monthly Active User，月活跃用户数）来衡量用户活跃度或者用户规模。但是用得最多的还是 DAU。

2．DAU 是一个非虚荣指标

DAU 是一个非虚荣指标，能够帮助我们更好地衡量企业的用户规模。什么是虚荣指标呢？虚荣指标是指那些"看上去很美"的指标。例如，有许多公司会关注"总注册用户数"或"累计用户数"这样的指标。这样的指标其实就是虚荣指标，因为随着时间的增长，这样的指标只会一直增长（典型的"单调递增函数"）。虽然这个数据的量级很大，但这些指标并不能传达更有价值的信息。因为有很多人可能只注册了，并没有使用产品；累计注册用户中，很多人已经流失了。图 5-9 所示是某 APP 宣扬自己的用户体量的广告牌。其中写着"全国累计用户突破 4 亿"。首先，累计用户是一个单调递增函数，随着时间的增长这个数据会一直增长。其次，累计用户是注册用户还是下载用户？口径非常不清晰。

图 5-9　某 APP 的广告牌

如果有一个指标，你不知道该根据这个指标的数值高低采取什么行动，那么这个指标很可能是一个虚荣指标。而如果 DAU 下降了，我们可以对其进行拆解并且采取策略，例如，我们可以加大投放力度来增加新用户量，或者优化用户体验来提升留存率，以此为切入点来提升 DAU。

3．其他活跃类指标

DAU 不是唯一的活跃类指标。除 DAU 以外，衡量活跃度的指标还有 MAU 等。

不同行业的 APP 还会关注一些与行业产品形态相关的活跃类指标。

针对工具类 APP，用户对产品功能的使用频次是考查活跃度的非常重要的指标。

针对内容类 APP，我们需要主要关注的指标是和用户内容使用程度相关的一些指标。例如，用户的使用时长，即内容类 APP 中的视频和短视频观看时长、完播率（观看完整个视频的用户比例）。

对于游戏行业而言，不仅要关注 DAU 和 MAU，还要关注 ACU（Average Concurrent Users，平均同时在线玩家人数）、PCU（Peak Concurrent Users，最高同时在线玩家人数）等。

社交行业的产品会关注与社交行为相关的深度类指标（如加好友次数、聊天次数等）。例如，微博关注的活跃类指标就是 UGC（User-Generated Content，用户生成内容）用户数。其中，UGC 用户数=评论用户数+点赞用户数+发帖用户数+转发用户数。因为微博认为用户在平台上分享和传播的内容才是平台真正的核心竞争力。

综上所述，对活跃类指标的考查要结合我们 APP 所处的行业背景。

5.1.3　用户留存

用户注册、活跃之后，要让其"既来之，则安之"。也就是说，我们要关注用户留存。用户留存是指用户在一定时间内持续使用产品或服务的行为。用户留存是用户黏性的重要体现。Luke 说任何 APP 都是"生于拉新，死于留存"的。一款 APP 的失败通常是因为留存没有做好。

我们时常用留存率这样一个指标来考查用户的留存情况。留存率是指在一段时间后仍然活跃的用户占总用户的百分比。我们常用的留存率是"第几日留存率"这样一个概念，就是某一日的新增用户在第几日后还留存的比例。

具体而言，我们需要关注以下指标。

次日留存率=第 n 日新增用户在第（n+1）日登录的用户数/第 n 日新增用户数。

k 日留存率=第 n 日新增用户在第（$n+k-1$）日登录的用户数/第 n 日新增用户数

周留存率=第 n 周新增用户在第（$n+1$）周登录的用户数/第 n 周新增用户数

月留存率=第 n 月新增用户在第（$n+1$）月登录的用户数/第 n 月新增用户数

1．3 种留存率曲线

留存率体现了产品的质量及用户黏性。用户不可能一直留在一个产品或平台中，逐步地流失不可避免。因此随着时间的流逝，留存率一般是递减的。留存率曲线符合对数函数和指数函数的情形居多。而我们也可以从留存率曲线的形状上看出一个公司产品的吸引力大小。大致来讲，有 3 种类型的留存率曲线，如图 5-10 所示。

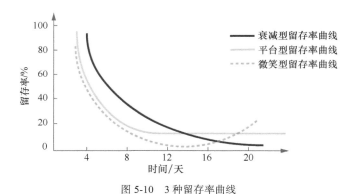

图 5-10　3 种留存率曲线

第 1 种是衰减型留存率曲线，表示随着时间的流逝，某 APP 的留存率一直衰减。

第 2 种是平台型留存率曲线，表示随着时间的流逝，某 APP 的留存率在开始阶段迅速衰减，但是衰减到一定程度之后就进入了一个平台期，留存率几乎不变。这种形状的留存率曲线是大部分 APP 的留存率曲线。这说明随着时间的流逝，虽然有一部分用户流失了，但始终会有一部分忠实用户沉淀下来。这一部分用户就是 APP 的核心用户。

第 3 种是微笑型留存率曲线。微笑型留存率曲线在前面阶段很像平台型留存率曲线——先下降，在下降到一定程度之后停止下降。所不同的是，微笑型留存率曲线在下降停止之后会有留存率不降反升的过程。这说明除核心用户沉淀下来以外，还有一部分已经流失的用户回流，他们重新开始使用产品。不降反升的原因有可能是这部分用户在流失之后发现自己还很需要原来这款 APP，于是重新登录使用。

红杉资本的一篇名为"Measuring Product Health"的报告指出，Evernote 就是

这样一款具有微笑型留存率曲线的 APP。这篇报告引用了 TechCrunch 在 2013 年发布的数据，展示了图 5-11 所示的"微笑曲线"。

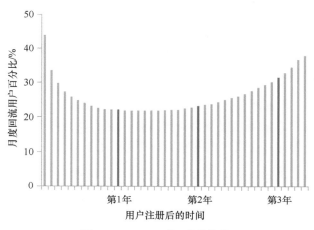

图 5-11　Evernote 的"微笑曲线"

图 5-11 中，横轴表示用户注册后的时间（以月为单位），纵轴表示活跃用户中留存用户及回流用户的比例。虽然该图并不是留存率曲线的图，但是反映了 Evernote 用户的回流情况。在微笑型留存率曲线的场景下，随着时间的流逝，越来越多的流失用户重新开始使用 Evernote。

2. DAU/MAU

除第 n 日留存率可以体现用户黏性以外，还有一个可以体现用户黏性的指标，那就是 DAU/MAU。DAU/MAU 越高说明用户对这款产品的黏性越大。若一款 APP 的 DAU/MAU 达到 0.4，则说明用户平均每个月（30 天）会在 APP 中活跃 12 天（12=30×0.4）。

起初这个指标用来评估游戏的用户黏性。一般而言，DAU/MAU 超过 0.2 的游戏（APP）的用户黏性还不错，这说明一个月中每个月用户会在 APP 活跃 6 天。如果超过 0.5，这款游戏的用户黏性就是非常好的。

但是，以上标准也不是绝对的。因为这个指标在不同行业差异很大。在很多用户使用 APP 频次比较低的行业（如旅游行业），这个指标较低，但是这个行业所提供的服务仍然对用户有价值。每年消费者只出去旅游几次，但携程这样的企业仍然是行业"巨头"，是非常有价值的公司。

一般而言，社交行业中 APP 的 DAU/MAU 最高，而像旅游这种行业的 APP 的 DAU/MAU 则较低。

3．其他留存指标

除留存率、DAU/MAU 以外，还可以用距离上次登录的时间和流失率来衡量用户留存情况。

4．如何提高留存率

提高用户留存率一般而言可以从 3 个方面入手。

- 优化产品。产品质量以及对用户的价值是企业真正的价值。一般留存问题针对的是完成激活过程并且对产品有一定了解的用户。此时我们需优化产品，并且要拥有让用户重复使用的产品核心功能。

- 采用各种方式使用户养成习惯。例如，设计打卡活动，或者鼓励用户完成规定动作。我们基于数据分析发现，用户完成了一定的规定动作之后，留存率会大增。此时我们只需要鼓励用户完成这个动作就可以了。这种方法称为"魔法数字法"，这在后文会详细介绍。

- 形成用户的沉没成本（sunk cost）。沉没成本是指什么呢？沉没成本就是指用户之前已经在我们产品上投入的精力、时间和情绪。如果用户离开，那么用户会认为之前的投入都已经白费。根据沉没成本理论，引导用户多多使用我们的产品，多多投入他们的精力、时间和情绪，都可以有效地提高留存率。微信为什么留存率高呢？因为我们的社交关系和工作关系有很大一部分是和微信绑定起来的，如果我们离开微信再去适应其他的社交软件，那么构建新的社交关系又需要花费大量的时间和精力。

5.1.4　获取收入

一般来讲，企业是以营利为目的的。企业要生存、要发展，就要营利。具体到某一款 APP，也是如此。因此，获取收入是企业发展过程中非常重要的一环。

我们通常关注的收入类指标有 GMV、ARPU、ARPPU、转化率。

GMV 是一段时间内 APP 的商品交易总收入。

ARPU 是平均每用户贡献的收入。

$$\text{ARPU} = \frac{\text{GMV}}{\text{DAU}}$$

ARPPU 是平均每个付费用户贡献的收入，又称为客单价。

$$ARPPU = \frac{GMV}{支付用户数} = \frac{GMV}{DAU \times 转化率}$$

转化率（用户付费率）是付费用户群体在活跃用户群体中所占比例，一旦用户产生付费行为，便成为付费用户。这个指标往往用来衡量产品的付费模块是否能够真正满足用户需求。

这 4 个指标之间的关系可以按照图 5-12 所示的公式拆解。

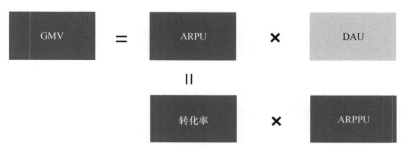

图 5-12 GMV 公式的拆解

从上述公式中我们可以知道，我们想要提高 GMV，有 3 个途径。

- 提升用户规模（DAU），用户规模越大，就能为收入提升提供更大的用户基数。

- 提升转化率。

- 提升客单价。但是一般而言客单价越高，转化率越低，这二者间有此消彼长的关系。

GMV 在一些情况下也可能是一个虚荣指标。

值得注意的是，GMV 中是不剔除退款的，因此有时候 GMV 可能是一个虚荣指标。例如，最近几年，"双十一"期间网店的交易额都会突然陡增。但是"双十一"过后，可能会出现一些退货事件。在这种场景下，GMV 是有"水分"的，是一个虚荣指标。

除 GMV、ARPU 和 ARPPU 以外，在获取收入环节我们还会关注 LTV、复购率等指标。

在计算获客 ROI 的时候需要计算 LTV。其实 LTV 不仅用于评估获客渠道，还用于评估企业的营利能力。

$$LTV = \frac{所有用户在其生命周期中产生的总收入}{用户总数}$$

其中，所有用户在其生命周期中产生的总收入可以用如下公式求出：

所有用户在其生命周期中产生的总收入=1日活跃用户×1日用户平均付费金额+2日活跃用户×2日用户平均付费金额+⋯+n日活跃用户×n日用户平均付费金额

上式可以简化为

$$LTV = \sum_{t=1}^{n} R_t \text{ARPU}_t$$

其中，R_t是第t日的用户留存率，指的是用户在其注册后第t日仍然在平台活跃的比例；ARPU_t是第t日的用户平均付费金额。

假设用户每天平均付费金额是一个固定值，求某一群用户的生命周期价值的公式也可以进一步简化为

$$LTV = LT \times ARPU$$

其中，ARPU是每个用户的平均付费金额，一般ARPU相对容易求出；LT是用户的生命周期，也就是用户平均的生命周期总长度。用户的平均生命周期和用户留存率有如下关系：

$$LT = \sum_{t=1}^{n} R_t$$

因此，我们只需要知道某一群用户的第n日留存率曲线，就可以比较容易地求出某一群用户的生命周期乃至LTV。

接下来，介绍一种利用Excel求取留存率曲线的方法。

在求LTV的过程中，求生命周期是关键。而求生命周期需要了解用户的留存率情况。在数据分析的实践中，我们可以通过已有的数据在Excel中拟合出留存率曲线，进而求出生命周期。

第n日留存率曲线如何求得呢？

一般而言，互联网企业会比较关注新用户的$(T+1)$日留存率、$(T+2)$日留存率……$(T+7)$日留存率、$(T+14)$日留存率、$(T+30)$日留存率这样一些指标。我们可以根据这些指标拟合出留存率曲线。因为留存率一般是递减的，所以留存率曲线形状接近对数函数、乘幂函数和指数函数形状的情形居多。我们通过下面这个练习来介绍

用户生命周期的计算步骤。

【练习5-1】 根据留存率计算某APP用户的生命周期

某APP新增用户的留存情况如表5-3所示。

表5-3 某APP新增用户的留存情况

(T+1)日留存率	(T+2)日留存率	(T+3)日留存率	(T+4)日留存率	(T+5)日留存率	(T+6)日留存率	(T+7)日留存率	(T+14)日留存率	(T+30)日留存率
61.2%	44.6%	35.2%	30.1%	28.7%	27.1%	26.5%	18.4%	12.6%

请求出该APP用户的生命周期。

第1步，根据已有数据，绘制出散点图。

整理已有数据，在Excel中绘制出留存率的散点图，如图5-13所示。

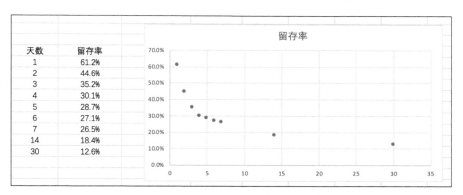

图5-13 在Excel中绘制出留存率的散点图

第2步，拟合曲线。

选择图中散点系列，右击，选择"添加趋势线"。

此时我们需要在"设置趋势线格式"窗格中选择合适的趋势线选项，并且在下方勾选"显示公式"和"显示R平方值"复选框，如图5-14所示。

从经验上讲，用户的第n日留存率曲线是一条初始下降速度快、后续趋于稳定的曲线，因此，我们拟合留存率曲线的时候，选取"对数"函数、"乘幂"函数和"指数"函数的情形居多。

R^2是反映曲线拟合好坏程度的一个指标，R^2越高，说明我们拟合的曲线越能代表实际情况。

本例中，分别尝试"对数""乘幂""指数"3个选项，我们发现，乘幂函数对

应的 R^2 最高，达到 0.9936。这意味着，若我们选择乘幂函数拟合留存率曲线，则所拟合的曲线能够解释实际留存率中 99.36% 的信息，拟合效果较好。所以我们最终选择乘幂函数来对留存率曲线进行拟合。此时我们可以获得留存率的计算公式：

$$R_t = 0.6019\text{day}_t^{-0.455}$$

其中，R_t 代表第 t 日留存率，day_t 代表天数。

图 5-14　拟合曲线

图 5-15 所示是拟合后的留存率曲线。

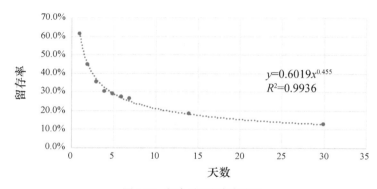

图 5-15　拟合后的留存率曲线

第3步，求生命周期。

按照拟合曲线的公式对不同天数的留存率进行预测，如图5-16所示。

	天数	留存率
f_x	=0.6019*E11^(-0.455)	
	1	61.2%
	2	44.6%
	3	35.2%
	4	30.1%
	5	28.7%
	6	27.1%
	7	26.5%
	8	23.4%
	9	22.1%
	10	21.1%
	11	20.2%
	12	19.4%
	13	18.7%
	14	18.1%
	15	17.6%
	16	17.0%
	17	16.6%
	18	16.2%
	19	15.8%
	20	15.4%
	21	15.1%
	22	14.7%
	23	14.5%
	24	14.2%
	25	13.9%
	26	13.7%
	27	13.4%

图 5-16 预测留存率

我们可以从拟合出来的曲线得知，留存率在初期会快速下降，往后留存率会逐步稳定在一个比较小的正的比例上。这个比较小的比例所代表的用户就是企业或者产品真正的忠诚用户。

我们可以预测一个较长时间范围内所对应的留存率，如365天（1年）、1095天（3年）、3650天（10年）等。只需要将"天数"字段修改为365、1095或者3650，再拖曳留存率计算公式即可。

我们对输入公式后拖曳而预测出来的留存率求和，就能够得到生命周期。我们假定在本例中，预测3650天的用户留存率再进行求和，我们就可以得知用户生命周期是175天左右。

5.1.5 自传播

自传播是指用户自愿地向其他用户推荐产品或服务的行为。自传播是一种口碑传播，是一种非正式的人际传播。基于熟人、亲友之间的信任关系，这种传播方式往往会有很好的传播效果。对于许多公司而言，自传播非常重要，因为它能够以较低的成本带来高价值的流量。近年来在自传播方面做得非常突出的企业是拼多多。

【案例5-3】 高质量口碑传播助力拼多多高速发展

拼多多是近年来电商领域的一匹"黑马"，迅速崛起。

拼多多的迅速崛起与其优秀的自传播手段是分不开的。拼多多关注的核心用户群体是三线、四线城市下沉市场的用户，这部分用户有两个特点：一是对价格敏感，二是习惯熟人社交。

拼多多针对价格敏感型用户推出零元购、拼团、砍价、助力等活动，引导用户传播商品信息至微信群、朋友圈，从而完成自传播、拉新、付费激活等一系列动作。优秀的自传播活动给拼多多带来了"疯狂"的用户裂变，如图5-17所示。

图5-17 拼多多的裂变活动

另外，自传播在其他互联网公司中也是备受瞩目的一种增长工具。去哪儿旅行、滴滴出行、携程旅行等交通出行 APP 也经常通过助力砍价活动和助力加速活动实现用户裂变，如图5-18所示。

图 5-18　去哪儿旅行、滴滴出行、携程旅行的裂变活动

在自传播阶段，我们考查产品自传播能力的主要指标是 K 因子。K 因子又称为病毒传播系数，即每个用户所带来的新用户数。

K 因子由传播数量和转化率组成，K 因子的拆解如图 5-19 所示。

图 5-19　K 因子的拆解

从整体上看，K 因子的高低直接体现自传播能力。

- 当 K 因子大于或等于 1 时，将激发自传播巨大的力量，K 因子越大，自传播能力越强。

- 若 K 因子小于 1，那么传播水平会逐步减弱，直至消失。

从自身的计算公式来看，提升病毒式传播能力有两种方式。一是提升用户发送邀请的意愿，即给发起者好处，让他们向其亲友发送更多的注册邀请。二是提升受邀者的注册转化率，即给受邀者好处，鼓励他们注册、转化。

在刚才的例子中，拼多多、携程等企业都是通过同时给发起者和受邀者好处来提升自传播能力的。

【案例5-4】　Panda公司"6·18"砍价活动中K因子的计算

Panda公司是一家经营动漫周边产品和玩具的电商公司。Panda公司在2021年"6·18"期间为其平台上的绝大部分商品举行了砍价活动。只要用户分享某商品的砍价页面给朋友，朋友们就可以进行砍价。朋友最多可以为其砍掉100元。如果用户的朋友从分享的砍价链接中注册、转化为平台的新用户，该受邀新用户还可以享受30元的无门槛新客代金券。

数据分析师贾森通过数据发现，活动期间发送过砍价邀请的用户数是12 000，他们平均每人向7人发出过邀请。收到邀请的用户中有85%的用户已经是平台的注册用户，剩下15%的未在平台注册过的受邀者中，注册、转化为平台用户的比例是50%。

贾森通过这些数据，计算了Panda公司这次砍价活动中的K因子：

$$K因子=7×15\%×50\%=0.525$$

在自传播阶段，我们除关注K因子之外，还应该关注邀请发送量和病毒传播周期这两个指标。

邀请发送量代表用户参与到传播活动中的意愿。

病毒传播周期是指用户平均完成一次完整的邀请流程所需要的时间。病毒传播周期越短，营销活动就越可能在短期内完成多次裂变，从而获得比较好的营销效果。

5.2　构建指标体系

什么是指标体系？指标体系是指一系列体系化的、能够反映产品或服务现状和改进方向的数据指标构成的体系。指标体系的建立是进行预测或评价研究的前提和基础。指标体系基于业务目的，将业务过程和用户行为按照其本质属性和特征抽象成可描述、可度量、可拆解的系统性指标结构。

指标体系有3个特点。

- 目的性：指标体系不仅能够度量业务发展现状，还能够反映业务发展方向。也就是说，如果指标体系中的指标表现好，则代表我们的业务在向更好的方向发展。我们构建指标体系必须体现业务和企业的战略目标，必须与战略目标相一致。

● 可操作性：指标体系虽然是对用户行为和业务特征的抽象，但指标体系中的指标必须是可描述、可度量、可拆解的。例如，新用户对产品的喜爱程度就是不可度量、不可拆解的指标，而新用户（$T+1$）日留存率则是一个可度量、可拆解的指标。

● 系统性：指标体系并不是单个指标，而是一系列指标的有机集合。指标体系的构建过程中通常会将核心指标或北极星指标按照一定方法或维度进行拆解，形成类似于树状结构或金字塔结构的指标体系。

构建指标体系通常可以分为两步，如图 5-20 所示。

第 1 步，确定北极星指标。北极星指标是产品现阶段最重要的指标之一，也是我们需要尽一切努力优化的指标。

第 2 步，利用 OSM（Objective，Strategy，Measurement，目标、策略、度量）模型构建指标体系。所谓的

图 5-20　指标体系构建的步骤

OSM 模型是指构建指标体系的过程是遵从"目标-策略-度量"的流程进行拆解的。

5.2.1　北极星指标

北极星指标也叫唯一关键指标（One Metric That Matters，OMTM），是产品现阶段最关键的指标之一。此指标变好说明公司此时的产品正朝良性方向发展。这个指标一旦确立，就像北极星一样，高高地闪耀在天空中，指引着全公司向着同一个方向前进。我们制定公司的指标体系，第 1 步就是找到公司的北极星指标。

为什么我们需要北极星指标而不是同时以更多的指标作为我们的终极目标呢？因为我们的精力是有限的。某位硅谷的投资人给他所投资的公司的 CEO 提出过一个建议，希望他关注更少的数据指标，该投资人说："作为一家公司的 CEO，你不可能同时影响几十个数据指标，太多的数据会适得其反，你会迷失在并不十分重要的琐碎的数据趋势当中。"

1．一切服务于北极星指标

北极星指标在公司中的地位极高，无论是做产品设计和优化，还是进行运营策略安排，都需要围绕北极星指标进行。换句话说，北极星指标会决定我们提供的产品和服务的形态。

我们可以根据以下这个练习感受一下产品设计和优化以及运营策略安排等是如何为北极星指标服务的。

【练习5-2】 连连看

我们分别在百度、新浪微博和哔哩哔哩（B站）这3款APP上搜索关键词"熊猫"，出现在各APP中的首条视频可能如下（顺序已经打乱）：

- 19秒的视频《小熊猫吃药》；

- 1分5秒的视频《一分钟了解大熊猫》；

- 6分26秒的有趣视频《熊猫名场面合集》。

这3个视频各自最有可能来自哪个APP？

答案如图5-21所示。

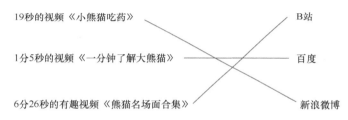

图5-21　搜索结果与APP的匹配

为什么答案是这样的呢？因为哪条内容出现在首条其实是由搜索引擎的推荐算法或者推荐策略所决定的，而推荐算法和推荐策略都必须为优化北极星指标而服务。

百度搜索引擎的北极星指标是"用户搜索次数"。用户将搜索引擎看作一种工具类产品。而百度只有快速、准确地解答用户的问题，用户才会在未来遇到问题的时候更多地使用百度搜索。所以百度最有可能返回的首条视频是能够快速帮助用户解答问题的"1分5秒的视频《一分钟了解大熊猫》"，而且伴随出现的还有"大熊猫-百度百科"的相关内容，如图5-22所示。

图5-22　在百度搜索关键词"熊猫"返回的结果

我们再来看看新浪微博这款产品。新浪微博是一款社交类产品，其北极星指标是"UGC用户数"。关注UGC用户数的代表有维基百科、豆瓣、微博、知乎等。微博的推荐算法主要围绕如何提升用户的发布、评论、点赞、转发等行为频次设计。而"19秒的视频《小熊猫吃药》"更能够激起大家发布、评论、点赞或转发的意愿。所以，新浪微博返回的首条视频是《小熊猫吃药》，如图5-23所示。并且在微博返回的内容中，还会有相关用户等能够激起大家讨论、互动等的内容推荐。

B站是一个视频类网站，其本质是一个内容类网站。内容有趣是其追求的核心价值。所以B站的北极星指标是"观看时长"之类的指标。B站推荐的视频应该是时间较长且有趣的内容，而"6分26秒的有趣视频《熊猫名场面合集》"比较符合这个要求，如图5-24所示。

图 5-23　在微博搜索关键词"熊猫"
　　　　　 返回的结果

图 5-24　在 B 站搜索关键词"熊猫"返回的结果

由以上这个练习我们可以看到，北极星指标像基因一样决定了公司的产品形态。北极星指标的重要性可见一斑。业务中的设计、优化和策略等都需要为北极星指标服务。北极星指标是目标，是准绳。

2．选择北极星指标要杜绝虚荣指标

北极星指标至关重要，可以指引公司的发展方向，一个好的北极星指标可以让公司健康向上发展，一个坏的北极星指标则可能把公司引入歧途。

北极星指标是否正确，对于企业战略能否成功至关重要。在选择北极星指标的时候，要谨防虚荣指标。

【案例5-5】　北极星指标在Meta崛起中的作用

在美国社交网络市场中，起初MySpace占据主导地位，它获得了很多资本的青睐，但后来逐渐没落，最终被Meta（原来的Facebook）打败。

仔细分析原因，当时Meta把"月活跃用户数"作为自己的北极星指标，而MySpace则把"总注册用户数"作为自己的北极星指标。

"总注册用户数"显然是一个虚荣指标，用户注册了并不一定会使用产品，工作人员为了提高这个指标也可能会刷量；而"月活跃用户数"更能反映用户的真实使用情况，是一个真实的指标。

3．确定北极星指标的步骤

确定北极星指标有 3 步，如图 5-25 所示。

图 5-25　确定北极星指标的步骤

第 1 步，确定候选集。

北极星指标必须满足商业价值和用户价值，最终服务于业务长期发展。所谓商业价值，是指北极星指标数值的变好或改善代表着企业盈利能力增强；而用户价值是指北极星指标能够体现用户对产品的认可程度或依赖程度。

什么样的指标是满足商业价值和用户价值的指标呢？前文提到的百度的北极星指标"用户搜索次数"就同时满足商业价值和用户价值。百度的商业化收入主要来自广告主投放的广告。用户使用百度搜索次数越多，百度对于广告主的价值就越大——广告主在百度上投放就可以更多地触达用户。而对于用户而言，搜索次数越多，意味着用户越认可百度，其用户价值也就越大。因此"用户搜索次数"

这个指标对于百度而言同时代表了商业价值和用户价值。

在实际工作中，我们寻找北极星指标的第 1 步就是明确产品的商业价值和用户价值，然后找到同时满足商业价值和用户价值的指标交集作为指标候选集，如图 5-26 所示。

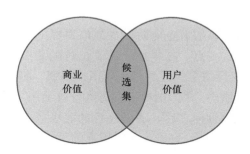

图 5-26　北极星指标的候选集是商业价值和用户价值的交集

第 2 步，去粗取精。

在同时满足商业价值和用户价值的指标候选集中，我们要建立一套评估标准来帮助我们挑选出合适的指标。具体而言，我们可以考虑以下 3 个方面。

- **合理性**：北极星指标设置应合理、贴合实际。合理性有两个方面的含义，一是北极星指标要能最大限度地体现产品对用户的价值；二是优化北极星指标的难度要适中。优化北极星指标，使它既不会令人望而却步，也不会轻轻松松就实现。

- **可操作性**：我们选择的北极星指标应当简单、直观，容易获得，而且可拆解。

- **前瞻性**：我们选择的北极星指标应是前瞻性指标，而非滞后性指标。什么是前瞻性指标呢？可以用来预见未来的发展走势的指标就是前瞻性指标。例如，对于百度而言，用户使用频次越高，意味着未来用户对其越依赖，且百度未来有越多的机会从广告中获利。有前瞻性指标就有滞后性指标。例如，用户流失率这个指标就是一个滞后性指标。因为一旦你收集到流失用户的数据，这些用户就已经从你的 APP 上流失了。

第 3 步，确认北极星指标。

在实际的工作中，北极星指标的确定过程并不是一蹴而就的，而需要根据实际情况和公司发展阶段不断地确认和修正。具体而言，对北极星指标的修正要注意以下几点。

首先，这个过程是一个不断摸索的过程。例如，今日头条在初期是以"点击量"作为北极星指标的。但是在实践工作中今日头条将北极星指标改成"内容浏览时长"，原因是那时今日头条已经确定了通过推荐算法提升用户体验的策略，此时"内容浏览时长"更能够反映用户对推荐内容和企业的价值的认可。

其次，北极星指标应该随着企业阶段性战略目标的变化而变化。滴滴出行的发展历程较好地诠释了这一点。在早期，滴滴出行的北极星指标是"打车成功订单数"，因为那时滴滴出行的主要任务是培养用户习惯，将用户从传统的打车习惯中转移到线上打车的习惯中。仅 2014 年滴滴出行就给用户发放了 10 亿元的现金补贴。在完成了其初期的目标之后，滴滴出行的北极星指标逐步改变，从"打车成功订单数"变为收入类指标，也停止了对用户的直接现金补贴。

最后，如果某单一指标不能全面体现公司经营情况，可以添加反向指标作为制衡。例如，电商公司一般关注 GMV，但是同时可以关注制衡类指标（如退货率），并且将北极星指标调整为"成功交易额"。

4．不同行业的北极星指标

不同行业所关注的北极星指标有所不同。例如，社交行业时常把活跃类和互动类的指标作为北极星指标，而电商行业偏向将收入类指标作为北极星指标。不同行业所关注指标的偏好有什么规律呢？一般而言，我们可以通过"消磨时间还是节省时间"以及"产品自身提供价值还是产品链接的其他资源提供价值"两个维度将业务划分为 4 类，如图 5-27 所示。

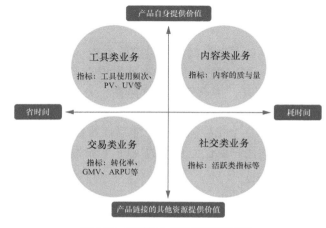

图 5-27　不同行业关注的指标有差异

如果某类行业的业务是使用用户"消磨时间"并且"产品自身提供价值"，那么这类行业中企业的业务属于内容类业务，这类行业关注的是内容的质与量。例如，今日头条关注的是用户的阅读时长等指标。

如果某类行业的业务是帮助用户"节省时间"并且"产品自身提供价值"，那么其业务属于工具类业务。用户将百度、有道词典等产品当作工具，"常常使用，用后即走"。工具类业务关注的北极星指标一般来说是工具使用频次、PV 或 UV 等指标。

如果某类行业的业务是帮助用户"节省时间"并且"产品链接的其他资源提供价值"，那么其业务很有可能是交易类业务。交易类业务关注的北极星指标是转化率、GMV、ARPU 这样一类与获取收入相关的指标。

如果某类行业的业务是使用用户"消磨时间"并且"产品链接的其他资源提供价值"，那么其业务很有可能是社交类业务。微信、微博、陌陌、探探等 APP 的北极星指标一般是活跃类指标，或者与社交行为深度相关的指标。

【案例5-6】 某视频APP北极星指标的确认

某公司是一家中视频（时长为1分钟至30分钟的视频）公司，其商业化的实现方式主要有两种：一种是会员收入，另一种是广告收入。该公司的视频APP面对的群体一般是年轻群体。目前要为该视频APP确定北极星指标。

第1步，确定候选集。

北极星指标必须满足商业价值和用户价值。

该公司从其数据监测体系中筛选出了如下几个同时满足企业商业价值和用户价值的指标：

● 日视频总观看次数；

● 日均观看时长；

● 日视频观看人数；

● 用户满意度。

第2步，去粗取精（见表5-4）。

在获取了北极星指标候选集之后，我们还需要按照合理性、可操作性以及前瞻性的标准对指标进行筛选。

表 5-4　对各指标在不同维度上的评价

项目	日视频总观看次数	日均观看时长	日视频观看人数	用户满意度
合理性	☆☆	☆☆☆☆	☆☆	☆☆☆
可操作性	☆☆☆☆	☆☆☆☆	☆☆☆	☆
前瞻性	☆☆	☆☆☆	☆☆	☆☆☆☆

我们从表 5-4 可知，"日均观看时长"指标既能够反映用户对平台内容的喜爱程度，也能够体现长期价值，定义清晰明了，最合适作为北极星指标。

"日视频总观看次数"和"日视频观看人数"这两个指标定义清晰、简单，而且这两个指标一旦改善就预示公司短期商业价值的提升。但是它们并不能很好地预示公司长期商业价值的提升。该视频 APP 的短期商业价值是由当下的会员收入和广告收入（广告收入是效果广告收入，按点击量或者下载量收费）所决定的，而长期商业价值则由用户的喜爱程度和忠诚度所决定。

相对于"日均观看时长"，"日视频总观看次数"和"日视频观看人数"两个指标并不能完全体现用户的喜爱程度与兴趣。因为运营人员可以通过耸人听闻的标题和冲击力强的封面图片引导用户点击观看，在短期内使视频的点击量和观看人数提升。而用户对平台所提供的内容是否感兴趣，更多地体现在用户是否愿意在平台上花时间。所以"日视频总观看次数"和"日视频观看人数"这两个指标不能完全体现平台的长期商业价值，欠缺前瞻性。

"用户满意度"确实可以体现用户对平台所提供视频内容的喜爱程度。但是满意度是一个相对宽泛的概念。即使我们可以通过满意度调研或者 NPS（Net Promoter Score，净推荐值）[①]调研来获取满意度指标数据，但是满意度调研的操作成本和时间成本较大，也不适合作为北极星指标。

与此同时，满意度有可能还会受到品牌和舆论的影响，而品牌和舆论影响力在一定程度上是能够让企业获得利润的。所以其合理性相对于观看时长类指标偏弱。

综上所述，"日均观看时长"是最合适的北极星指标。

第 3 步，确认北极星指标。

初步选择"日均观看时长"作为北极星指标之后，这家公司的管理层认为还需要在平时的业务中验证这样一个北极星指标是否能够指引公司向正确的方向发展。如果有必要，需要根据公司当前阶段的主要目标和主要矛盾调整北极星指标。

---

① 一种计量某个客户会向其他人推荐某个企业或服务的可能性的指数，也称为口碑。

5.2.2 通过 OSM 模型构建指标体系

在找到业务的北极星指标以后，我们可以基于北极星指标，通过 OSM 模型构建指标体系。

OSM 模型是什么呢？所谓 OSM 模型，就是拆解宏大的目标，对部门内各个业务具体的、可落地的、可度量的行为（策略）进行度量和监控，从而保证执行计划时没有偏离大方向。OSM 模型是一种将目标（objective）、策略（strategy）和度量（measurement）3 个要素融为一体的指标建模方法。利用 OSM 模型构建指标体系适用于目标清晰、行动方向明确的精确场景。OSM 模型如图 5-28 所示。

图 5-28　OSM 模型

定义目标、了解目标是我们通过 OSM 模型构建指标体系的第一步。我们在构建指标体系之前不仅要了解北极星指标，还要了解我们的业务目标，以确保构建的指标体系能够赋能业务目标的实现，使业务方向"不跑偏"。

在确定业务目标以后，要基于目标构建可执行的策略，将其按照一定关系组织成指标体系。

度量是指在确定北极星指标或业务目标和构建可执行的策略之后，根据不同维度的指标对策略执行效果进行衡量。度量指标需要清晰，满足可理解、可操作的标准。

基于策略构建北极星指标或北极星指标的下级指标的方法有 3 种，我们可以利用其中一种或多种来构建更细、更全的指标体系，如图 5-29 所示。

指标拆解法	画像细分法	链路优化法
加法原则、乘法原则、混合原则	根据一系列人口学特征或行为特征对策略指标进行拆解	根据产品业务链找到核心策略，构建指标体系

图 5-29　基于策略构建北极星指标的下级指标的方法

1. 指标拆解法

加法原则适用于指标与指标之间相互重叠、相互依存程度较低的场景,这里的加法是广义加法,可以是加权的加法。其基本表现形式如图 5-30 所示。

图 5-30 加法原则的基本表现形式

例如,活跃类指标 DAU 的拆解如图 5-31 所示。

图 5-31 DAU 指标的拆解

【案例5-7】 按照加法原则拆解指标体系

某 APP 的北极星指标是 DAU,公司管理层经过讨论认为,要提升 DAU,有 3 种途径。

- 通过加大投入或者优化投放提升新用户规模。

- 通过优化产品或者制定运营策略提升用户留存率。

- 通过各种方法对用户进行召回。

于是他们可以按照加法原则,将 DAU 指标按照如下方式进行拆解。

DAU=DNU+留存用户+回流用户

乘法原则适用于指标和指标之间相互依存的场景。其表现形式如图 5-32 所示。

图 5-32 乘法原则的表现形式

【案例5-8】 按照乘法原则拆解指标体系

某电商企业的北极星指标是 GMV,目前该企业希望通过 3 种途径提升 GMV。

- 通过扩大用户规模提升收入。

- 通过推出高端产品提高客单价。

● 通过促销提升购买转化率。

基于以上策略，他们可以对GMV进行图5-33所示的拆解。

图 5-33　GMV 指标的拆解

混合原则指的是加法、乘法皆有。一般较复杂的业务场景下可能需要按照混合原则拆解指标体系，如图 5-34 所示。

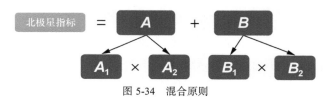

图 5-34　混合原则

【案例5-9】 按照混合原则拆解指标体系

某电商平台旗下品类多元，包含服装、3C 产品、书籍、母婴用品、生活用品等。该电商平台的北极星指标是 GMV。进一步拆解，GMV 通过什么途径提升呢？分别通过提升服装、3C 产品、书籍、母婴用品、生活用品等品类的 GMV 来提升GMV。对于各项品类，分别通过提升客单价、转化率或用户规模来提升 GMV。在按照品类拆解的时候，我们用的是加法原则，而之后我们将各品类的 GMV 拆解成各品类的 DAU、ARPPU 和转化率的乘积，则使用的是乘法原则，如图5-35所示。

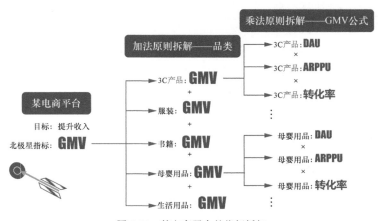

图 5-35　某电商平台的指标拆解

2．画像细分法

画像细分是指对指标按照不同的画像维度进行拆解。例如，我们发现某一天的ARPU下降了。我们可以按照性别拆解，看是男性用户的ARPU下降还是女性用户的ARPU下降造成了较大影响。我们也可以按照年龄段拆解，看是年轻用户、中年用户还是高龄用户的ARPU下降造成了较大影响。

常用的画像细分维度有人口学因素以及与APP相关的行为因素等。人口学因素包括性别、年龄、地域等。与APP相关的行为因素包括手机平台（Android或iOS）、在APP中注册天数、近期活跃程度、近期收入贡献等。

画像细分法实际上是金字塔原理（自上而下）的一种应用。

3．链路优化法

链路优化法是指梳理业务链路漏斗，找到优化的策略，并且找到合适的指标度量优化效果的指标建模方法，如图5-36所示。

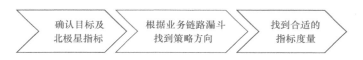

图 5-36　链路优化法

相对于指标拆解法，使用链路优化法构建指标体系不严格要求下级指标和上级指标的等式关系。链路优化法更关注对漏斗的优化策略。

以上是3种基于OSM模型后两步（从策略到度量）构建指标体系的方法。在企业利用OSM模型构建指标体系的过程中，这3种方法往往并不单独使用，企业往往灵活利用这3种方法中的两种方法来构建指标体系。

我们最后通过一个综合案例了解企业在利用OSM模型构建指标体系的实际操作中，是如何综合应用各种方法的。

【案例5-10】　某公司通过OSM模型构建指标体系

图5-37所示是一家电商平台上的购物流程。目前这家公司的北极星指标是GMV。公司管理层让数据分析团队根据GMV制定一套指标体系。数据分析师拟用链路优化法梳理链路漏斗，找到优化策略，进而构建指标体系。

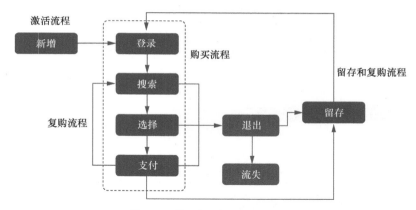

图 5-37 某电商平台上的购物流程

为了提高 GMV，要么提高用户规模，要么提高 ARPU。

- 提高用户规模的策略方向。购买流程中的活跃用户是用户规模的直接体现，因此要关注 DAU 指标。要提高用户规模，就要提高新增用户数、留存用户数。具体而言，在激活流程中提高新增用户数（通过更优的用户获取策略）可以提高用户规模（这里使用了指标拆解法），因此要关注 DNU 指标。在留存和复购流程中提升留存率可以提高用户规模，因此也需要关注留存率指标。

- 提高 ARPU 的策略方向。要提高 GMV，除用户规模之外，影响因素还有转化率和客单价（这里使用了指标拆解法）。

在针对转化率的拆解中，用户的购买流程中的各环节行为漏斗转化率值得关注。可以将转化率优化为各环节行为漏斗的转化率（链路优化法）。

在此之后，转化率和客单价可以按照品类等维度进行进一步细化（这里使用了画像细分法）。

复购流程中的复购率和复购金额也是值得关注和优化的指标（这里使用了指标拆解法）。

……

根据上述分析，对该电商平台的指标体系做简要梳理，如图 5-38 所示。

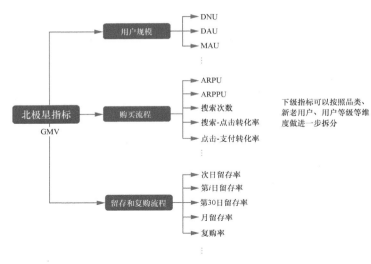

图 5-38　某电商平台的指标体系

第6章 数据分析方法

许多数据分析师日常的工作主要是看报表、取数，工作日复一日，往复循环。但是，数据分析师本不应当当作"工具人"。数据分析师需要主动利用自己的专业和见解更好地发现问题、解决问题。换句话说，数据分析师要主动出击，才不会被当作"工具人"！

从这一章开始，我们会逐步介绍数据分析师常用的方法。

从这一章开始，本书会涉及一些统计学的理论知识。这些统计学知识能够帮助我们更加系统、专业地开展数据分析工作。

首先，数据分析师岗位是一个具备一定专业性的岗位，要想在这个岗位上实现良好的职业规划，而不仅仅是浅尝辄止，学习一定的统计学或者机器学习知识是非常有必要的。

其次，统计学并不难。只要学习方法得当，重视理解与应用，并且愿意投入时间去学习，就可以在统计学理论学习和实践的道路上取得不错的成果。现实中，很多并非数学、统计学科班出身的人员成为优秀的数据分析师，其中许多人在学校期间的专业甚至是文科专业。

6.1 数据分析工具箱

通过北极星指标和 OSM 模型构建好指标体系之后，我们还需要让指标体系真正发挥作用。如何让指标体系真正发挥作用呢？我们提供了数据分析师在业务中常用的一系列工具。涉及三大方向的 7 种数据分析工具如图 6-1 所示。

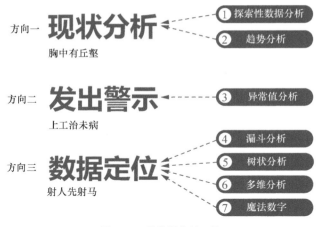

图 6-1　7 种数据分析工具

1．现状分析——胸中有丘壑

我们通过分析指标的表现，能够了解我们目前业务现状如何，以及发生了什么问题。现状分析看似简单，实则大有门道。许多数据分析师对业务进行数据现状分析时往往只做简简单单的"看图说话"——只根据图表描述数据的"起起落落"。这是远远不够的。对于一个专业的数据分析师而言，做现状分析是有一整套方法的。

一个受过良好训练的数据分析师在针对业务做现状分析的时候常用的手段有两种：

● 探索性数据分析；

● 趋势分析。

2．发出警示——上工治未病

中医界有一句话叫"上工治未病"，这句话是说好的医生看病会防患于未然，不会等病人病入膏肓了才开始治病。

数据分析师利用数据指标进行数据诊断也要做到"上工治未病"。对于业务中出现的问题要有预警和报警机制，要防微杜渐，不能等问题已经很严重的时候才发现问题。

统计学中有许多发现异常值的方法（如西格玛法则或者四分位差法），这些方法可以帮助我们对业务中的异动进行预警，从而第一时间发现问题。

拓展 | 上工治未病

"上工治未病"出自《素问·四气调神大论》："是故圣人不治已病治未病，不治已乱治未乱，此之谓也。"这句古语背后有一个小故事。

扁鹊是战国时期的名医，有一天魏文侯问曰："子昆弟三人，其孰最善为医？"

扁鹊曰："长兄最善，中兄次之，扁鹊最为下。"

魏文侯曰："可得闻耶？"

扁鹊曰："长兄于病视神，未有形而除之，故名不出于家。中兄治病，其在毫毛，故名不出于闾。若扁鹊者，镵血脉，投毒药，副肌肤间，而名闻于诸侯。"

魏文侯曰："善。"

在问题还没有爆发之际，发现问题、解决问题是非常高明的。

3．数据定位——射人先射马

大部分场景下，数据指标描述的是业务问题的现状、现象，并不直接体现业务问题的症结或者关键节点。因此，数据分析师还需要利用一些方法定位问题，找到问题的症结，找到解决问题的关键。否则，数据分析师就很盲目。

定位问题的方法有很多。定位问题更多地体现了数据分析师的数据分析思维。我们可以用"树"（思维）和"田"（多维分析）"思维定位问题，还可以利用漏斗分析法定位问题的症结所在。另外，我们在后面还会介绍一种指标关键节点的定位方法——魔法数字法。

6.2 现状分析

数据诊断工作的第一个方向就是通过数据指标的表现了解业务现状。要了解业务现状，不仅要描述业务当前的数据指标表现，还要推断业务发展的趋势。数据分析师在做这两方面的工作的时候会利用不同的分析方法——探索性数据分析（描述现状）和趋势分析。

6.2.1 描述现状——探索性数据分析方法

在数据分析师的日常工作中，对数据指标进行描述估计是每天都绕不开的工作。这样的工作看起来并没有什么专业性门槛——毕竟大部分人可以对数据的高低起伏发表一些自己的判断和观点，"看图说话"并不难。但是如何能够利用统计学理论更加规范地描述数据呢？这里面就有方法了。这就类似于跑步这种运动，大家都认为自己会跑步，但是真正能用标准的起跑动作、跑步姿势跑步的人非常少。有时候从数据分析师对数据的描述过程中，就可以看出他的功底，看出他到底是不是一位训练有素的数据分析师。

在统计学中，对数据进行概括性描述的过程称为探索性数据分析。探索性数据分析是基于对数据集的分析以概括数据集的主要数据特征且常常用可视化方法进行解读的一种方法。在这一过程中，是否使用模型都可以，更加重要的是，探究数据在模型和假设检验任务之外能告诉我们什么信息。

探索性数据分析更关注数据指标的数据特征。这些特征包括量级、波动、关系。然后，我们还需要基于数据指标体现出的量级、波动和关系描述数据，探究数据能够告诉我们什么。

我们从一个简单案例开始。

【案例6-1】 探索性数据分析案例

HighTrip是一个在线旅游住宿预订APP。该APP主营两个品类——商务精品酒店产品和青年旅店产品。2017年8月至9月初两类产品的营收情况如图6-2所示。

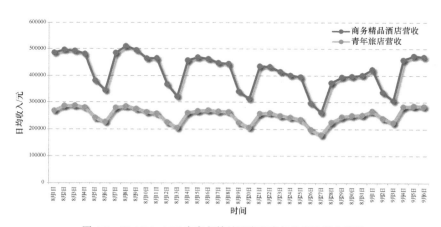

图6-2 HighTrip APP中商务精品酒店和青年旅店的营收情况

图6-2中横轴代表时间，纵轴代表两款产品的日均收入。那么针对这张简单的数据图表，我们应该如何描述其中的信息呢？

一种比较规范的描述方式是这样的。

从量级上看，商务精品酒店收入和青年旅店收入均值在 8 月至 9 月都相对稳定，略呈现下降趋势。商务精品酒店日收入均值为 41.6 万元，青年旅店日收入均值为 25.1 万元。商务精品酒店为公司带来的日收入远高于青年旅店的日收入。

如图 6-3 所示，从波动上看，商务精品酒店收入波动略大于青年旅店收入波动。商务精品酒店日收入标准差为 6.6 万元，青年旅店日收入标准差为 2.8 万元。从图 6-2 中可以看到，两种品类的波动呈现周期性特征——平时高、周末低。

从两组数据指标的关系来看，两者的相关系数是 0.953，两者之间呈现强烈的同向变动关系。

商务精品酒店 日收入均值	青年旅店 日收入均值	商务精品酒店 日收入标准差	青年旅店 日收入标准差	相关系数
41.6 万元/天	**25.1** 万元/天	**6.6** 万元/天	**2.8** 万元/天	**0.953**

图 6-3　HighTrip APP 中商务精品酒店和青年旅店的营收情况的探索性数据分析

此时我们已经获得了这两组数据在量级、波动水平和相关性上的数字特征。我们还需要对其中比较有意思的信息进行探究。首先，为什么数据会呈现略微下降趋势？这可能与暑期结束有关。暑期是家长和孩子们出行的高峰期，所以对酒店的预订会较多。而临近开学的时候，学生需要"收心"，出行变少从而使得酒店预订趋势略降。这个趋势针对两种品类的产品都是存在的。其次，为什么数据呈现平时高、周末低的波动表现？这是因为大家一般会预订酒店（尤其是商旅用户）。一般会平时预订，周末入住。而预订产品的收入确认时间是预订支付时间。最后，为什么青年旅店日收入标准差会小于商务精品酒店日收入标准差呢？这是因为两种品类所针对的用户群体不一样。商务精品酒店的用户群体一般是商旅用户，其出行需求一般是公务出行。公务出行时在工作日预订酒店的情形更多。而青年旅店的用户中很大一部分是大学生。大学生出行和预订时间相对灵活一些，所以平时和周末的差异相对较小。

从以上的分析中可以看出，一个标准的探索性数据分析流程包含以下 4 个步骤，如图 6-4 所示。

图 6-4　探索性数据分析的 4 个步骤

第1步，描述量级。

描述量级就是指对当前指标数量水平的描述。对于指标量级的描述，在统计学中，会用到集中趋势数字特征（均值、中位数、众数等）。

第2步，判断波动。

判断波动，即判断业务指标的波动大小，主要用到统计学中的离中趋势数字特征（方差、标准差、变异系数等）来帮助我们判断业务的稳定性。

第3步，描述关系。

描述关系是探索性数据分析中尤其重要的一环。关系是指两组变量中一组变量随着另一组变量同向变动或者反向变动的趋势。在统计学中主要用相关系数来帮助我们判断不同的业务指标之间的关系。线性回归也可以用来发现变量之间的量化关系。

第4步，分析原因。

如果业务数据的统计特征表现出一些值得关注的现象，我们需要利用我们对业务的理解以及推断来分析原因。基于数字特征去探索数据背后的原因，数据分析师需要深入了解业务，与业务线产品经理、运营人员和市场人员进行深入、高效的沟通。只有这样，数据分析师基于数据分析得出的原因才靠谱，才能贴合业务实际情况。

6.2.2 常用的指标

在统计学中，如果我们要了解一组数据的量级，我们会用到集中趋势数字指标。集中趋势（central tendency）表示一个概率分布的中间值。常见的集中趋势指标包括均值、中位数及众数，如图6-5所示。

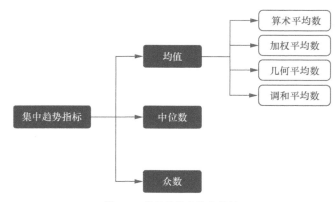

图6-5 常见的集中趋势指标

集中趋势指标中最重要的指标之一就是均值（mean），均值反映了事物的平均水平。均值并不仅是一个数据指标，还是一类数据指标的统称。

常见的均值有 4 种——算术平均数、加权平均数、几何平均数、调和平均数。其中算术平均数和加权平均数相对常用。

算术平均数是指在一组数据中所有数据之和除以数据的个数。其计算公式为

$$\mu = \frac{x_1 + x_2 + x_3 + x_4 + \cdots + x_n}{n} = \frac{\sum\limits_{i=1}^{n} x_i}{n}$$

其中，x_i（$i = 1,2,3,\cdots,n$）是一组数据中的第 i 个数值，n 是这一组数据中数值的个数。

在众多平均数中，算术平均数应用广泛。这是因为其反应灵敏、定义严密、简明易懂、计算简单，而且通过各种软件都能够很轻松地求出一组指标的算术平均数。

【案例6-2】 Panda公司活跃用户均值计算

Panda公司是一家互联网垂直电商公司，专营各种手办、玩具、扭蛋等产品（本书中还会多次以这家公司举例）。

Panda公司的 APP上周的 DAU如表6-1所示。

表6-1　Panda公司的APP上周的DAU

日（Date）	DAU
星期一	19994
星期二	19996
星期三	19969
星期四	19765
星期五	19850
星期六	19596
星期日	19784

该APP上周的 DAU的算术平均数是多少？

(19994+19996+19969+19765+19850+19596+19784)/7≈19851

虽然算术平均数易于计算且应用广泛，但是它容易受到极端值的影响。如果观

测到的数据指标中存在一些极端值或者异常值，我们就不能简单地使用算术平均数代表指标总体的量级水平。

　　除算术平均数以外，加权平均数也是经常使用的一种衡量数据量级水平的数字特征。加权平均数会考虑不同情况的重要程度或者出现概率，来计算数据的量级水平。加权平均数就是将各种情况下可能出现的枚举值乘相应的频次（或者出现的概率），然后求和得到总体值，再除以总的频次之和（或权重之和）。

　　从频次的角度来看，计算加权平均数（$\bar{X}$）的公式如下：

$$\bar{X} = \frac{\sum_{i=1}^{n} x_i f_i}{\sum_{i=1}^{n} f_i} = \frac{x_1 f_1 + x_2 f_2 + \cdots + x_n f_n}{f_1 + f_2 + \cdots + f_n}$$

　　从权重的角度来看，计算加权平均数（$\bar{X}$）的公式如下：

$$\bar{X} = \sum_{i=1}^{n} x_i w_i = x_1 w_1 + x_2 w_2 + \cdots + x_n w_n$$

其中，x_i 是一组数中的第 i 个值，w_i 是 x_i 对应的权重，$\sum_{i=1}^{n}$ 是求和符号，代表对第 1 项到第 n 项求和。

　　我们可以通过以下几个案例来理解加权平均数。

【案例6-3】　计算投掷骰子的平均点数

一个质地均匀的6面骰子掷出点数的均值是多少？

一个质地均匀的骰子每个点数被投掷出来的概率都是1/6，如表6-2所示。

表6-2　掷骰子对应点数与概率

可能掷出的点数	1	2	3	4	5	6
对应的概率	$\frac{1}{6}$	$\frac{1}{6}$	$\frac{1}{6}$	$\frac{1}{6}$	$\frac{1}{6}$	$\frac{1}{6}$

概率就是权重，我们可以求出可能掷出点数的均值如下：

$$1 \times \frac{1}{6} + 2 \times \frac{1}{6} + 3 \times \frac{1}{6} + 4 \times \frac{1}{6} + 5 \times \frac{1}{6} + 6 \times \frac{1}{6} = 3.5$$

【案例6-4】 计算产品的平均单价

Panda APP有一款手办产品，其正常价格为328元，某个月中70%的销量是通过给用户发50元代金券的营销方式实现的，该款手办产品上个月的平均单价是多少？

产品的正常价格为328元，对应出现的权重为1-70%=30%。而产品的折扣价格为328-50=278（元），对应的权重为70%。因此该款手办产品上个月的平均单价为328×30%+278×70%=293（元）。

加权平均数的大小不仅取决于总体中各种情况的数值（变量值）的大小，而且取决于各数值出现的权重（或者频次）。

在统计学中，加权平均数和算术平均数也称为"期望值"。

几何平均数一般用来计算平均增速或者平均变化率。

几何平均数（G_n）体现的是平均每一期的环比变化系数（即1+变化率）。其计算公式如下：

$$G_n = \sqrt[n]{\prod_{i=1}^{n} x_i} = \sqrt[n]{x_1 x_2 x_3 \cdots x_n}$$

其中，x_i是第i次的观测值，共有n个观测值。

我们在计算平均变化率或平均增速的时候经常会犯一个错误，就是利用各期变化率的算术平均数或者加权平均数计算平均增速。这是不对的。这是因为利用算术平均数或者加权平均数计算平均增速的时候并没有考虑到数据的"复利效应"。例如，某公司的收入每年匀速增加10%，以如此的增速发展10年。这家公司10年以后的收入将会是最初的259%，增幅为159%。我们此时是不能将增幅除以10（159%/10=15.9%）来计算平均增幅的。前面提到过，这家公司的收入每年增速是10%，而不是用总体增幅计算算术平均数后的15.9%。

我们再来看一个具体的案例。

【案例6-5】 计算平均月增长率

Panda公司2021年1月到7月的收入与从2月开始计算的月环比变化率如图6-6所示。

那么2月到7月这6个月的收入平均增长率应该如何计算呢？

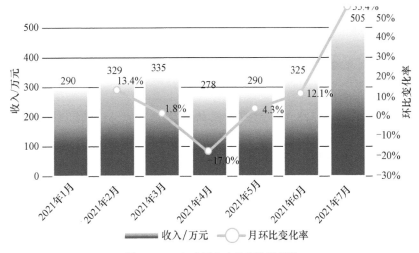

图 6-6　Panda 公司收入月度数据情况

许多数据分析师会按照下面的方法计算：

$$\frac{13.4\% + 1.8\% + (-17.0\%) + 4.3\% + 12.1\% + 55.4\%}{6} = 11.7\%$$

但是很遗憾，这种计算方法是错误的。原因是增长率实际上是复合增长率，具有"复利效应"。例如，第一个月增长 2%，第二个月增长 3%，实际两个月的总体增长率并不能计算为 2%+3%=5%，而需要计算为（1+2%）×（1+3%）−1=5.06%。所以给出各环比增长率求平均增长率的时候，就需要用到几何平均数。

按照计算几何平均数的方法，求 Panda 公司的收入月均增长率应该进行如下计算：

$$\sqrt[6]{(1 + 13.4\%)(1 + 1.8\%)(1 - 17.0\%)(1 + 4.3\%)(1 + 12.1\%)(1 + 55.4\%)} - 1 = 9.68\%$$

当然，另一种平均数是调和平均数，其应用场景相对较少。调和平均数是一个指标中每个数字的倒数的算术平均数的倒数。后面会介绍分类算法建模。其中，分类算法评估指标中的 F 值就是一种调和平均数，用来权衡准确率和召回率指标。这里就不介绍了。

中位数就是指将一组数字从小到大排列，排在中间位置的那个数。通常，在一组数字中，一半的数字比这个数字小，一半的数字比这个数字大。

中位数的优点是不受极端值的影响。如果某数据指标容易出现异常值或者极端值，使用中位数衡量会比使用均值衡量更好一些。

例如，有 5 个人，身高分别是 164cm、176cm、172cm、168cm、221cm。如果

计算均值，这 5 个人的平均身高为（164+176+172+168+221）/5=180.2（cm）。这个结果显然是不合理的。在这 5 个人中有 4 个人都是身高不足 180cm 的。但如果用中位数来衡量这 5 个人整体的身高水平，这 5 个人身高的中位数为 172cm，172cm 显然能够更好地代表这一组数据的平均水平。

在我们日常的工作中，很多指标是存在极端值的。在这样的情况下，如果仅仅关注均值类指标，则很难将真实情况展现在我们面前。

【案例6-6】　退款到账时长真的到了 4～5 小时？

Panda 公司是一家电商公司。在其日常售后服务中偶尔会有用户申请退款的场景。售后退款是其售后服务中非常重要的一环。用户提供一定的申请退款理由和证明材料，客服审核完成之后便会将货款自动退回原账户。如果退款到账不及时，则可能会引起用户更加激烈的投诉，因此公司非常重视对退款到账时长的监控。退款到账时长的计算方法如下：

退款到账时长=用户账户实际收到退款的时间−客服审核通过退款的时间

一般而言，该公司日常退款到账时长的均值为 20 分钟。但是在某一天该公司的退款到账时长均值突然飙升到 276 分钟，也就是说，平均每个用户的退款订单从审核通过到到账需要 4～5 小时。客服主管大发雷霆，说："用户申请退款我们平均需要 4～5 小时才能退给用户吗？这是绝对不能接受的。"

数据分析师保罗分析了数据之后发现，原来是因为客服团队在这一天集中手动完成了一批一年前误拒绝退款的订单。这一部分订单的退款到账时长特别长（超过一年）。加上这一部分订单计算的均值（算术平均数）就远超过当前的平均退款到账时长。于是数据分析师剔除掉极端值重新计算了均值，平均退款到账时长仅为 19.99min。

包含极端值的均值是 276.17 min。

不包含极端值的均值是 19.99 min。

数据分析师保罗同时计算了包含极端值和不包含极端值的退款到账时长的中位数。可以清晰地发现，两者差异不大。中位数不受极端值影响。

包含极端值的中位数是 20.05 min。

不包含极端值的中位数是 20.04 min。

数据分析师慎重考虑之后，建议客服团队将来在使用均值的同时使用退款到账时长中位数来反映平均退款到账时长。客服团队接受了数据分析师的建议。

如果我们现实工作中的某些指标容易受到极端值影响，我们就不能贸然用均值反映这个指标的水平和趋势，但可以用中位数。

中位数实际上是用数据的分布及位置信息反映数据水平的集中趋势特征的。我们可以将中位数的概念推广一下，得到百分位数的概念。百分位数是指，如果将一组数据从小到大排序，并计算相应的累计百分位，则某一百分位所对应数据的值就称为这一百分位的百分位数。中位数是一种特殊的百分位数。百分位数在后面还会详细介绍。

变量中的众数就是指出现次数最多的数。一个变量可以有多个众数。众数相对中位数和均值而言，用得比较少。

众数的缺点就是它没有利用所有的信息。但是众数也有一些优点。一是众数和中位数一样，不受极端值的影响。二是众数还有一个特殊的用途，就是众数可用于衡量离散变量的集中趋势，而均值和中位数都不能衡量离散变量的集中趋势。

描述波动是指通过离中趋势（divergence tendency）数字特征表示数据指标的波动水平。

对于数据指标，我们希望其表现相对稳定。如果一个数据指标的波动较大，则我们很难理解这个指标背后的规律，无法预测其变化趋势，也将会承担更多的风险。在金融行业中，收益指标的波动甚至常常直接被视作风险。

我们用来表示离中趋势的数字特征通常有极差、标准差、方差和变异系数这 4 种。

极差实际上是一组数字的最大的变动范围，可以用如下公式表示：

$$极差 = 最大值 - 最小值$$

极差计算简单，但在现实生活中用得比较少。原因是极差这个指标非常容易受到异常值的影响。

一个替代极差的指标是四分位极差。当较小的 25% 的数据与较大的 25% 的数据都去掉后，所剩部分的极差称为四分位极差（Inter Quartile Range，IQR），简称四分位差。

标准差（σ）是用得相对比较多的衡量离散趋势的指标，其计算公式为

$$\sigma = \sqrt{\frac{\sum_{i=1}^{N}(x_i - \mu)^2}{N}}$$

其中，μ 代表均值。$\mu = \dfrac{\sum\limits_{i=1}^{N} x_i}{N}$，$N$ 是一组数据中样本的个数。这个公式在统计学中非常重要，而且标准差这样一个衡量波动的数字特征在数据分析师的日常工作中应用场景也很多。

标准差的公式是一个数据分析师必须掌握的公式，这个公式应该"死记硬背"吗？不应该！学习数据分析相关的统计学理论、记忆统计学公式的正确方式，应该先理解理论和公式背后的含义再记忆。

接下来，介绍如何理解和记忆标准差公式。

标准差指标为什么可以代表一组数据的波动情况？

公式上面的部分计算一组数字中每个值减去这组数字均值的平方和再开方——$\sqrt{\sum\limits_{i=1}^{N}(x_i - \mu)^2}$。这个公式是不是让人有一种似曾相识的感觉呢？让我们闭上眼睛，让思绪穿越回我们高中的数学课堂上。老师曾经讲过两点之间的距离公式，如图 6-7 所示。在平面直角坐标系上，有两点 $A(x_1, y_1)$ 和 $B(x_2, y_2)$，那么两点之间的距离就是 $\sqrt{(x_1 - x_2)^2 + (y_1 - y_2)^2}$。

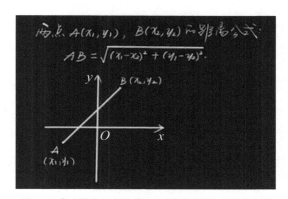

图 6-7　高中数学老师在黑板上写下的两点间距离公式

标准差公式的上半部分是不是与距离公式有些像呢？标准差公式实际上表达的是某种距离。标准差公式下面除以 N 代表平均。那么这个公式就代表一组数据到其均值的平均距离。

一组数据到其均值的平均距离为什么就能够体现这组数据的波动呢？我们可以基于图示形象地理解这个问题。如图 6-8 所示，两个坐标系中两组数据的均值相等，但左侧坐标系中数据点所连成的曲线波动明显小于右侧坐标系中数据点所连成的曲线波动。在图 6-8 中，垂直于均值的虚线的长度就是每个数据点到均值的距离。我们可以看到在左侧坐标系中数据点到均值的距离普遍小于右侧坐标系中数据点到均值的距离。而与此同时，从直觉上来讲，左侧的数据波动小于右侧的数据波动。

因此，每个数据点到这组数据均值的平均距离（标准差）越大，波动越大。

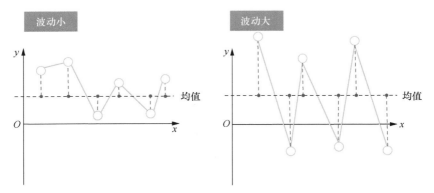

图 6-8　用点到均值所在直线的平均距离来衡量波动

以上，就是我们基于理解记忆标准差公式的过程。我们在学习统计学理论和公式的时候，不能死记硬背。我们应该综合利用类比、演绎、图示等多种方法理解理论和公式。

我们刚才介绍的标准差公式 $\sigma = \sqrt{\dfrac{\sum_{i=1}^{N}(x_i - \mu)^2}{N}}$ 是在使用总体样本情况下的标准差公式。但是在实际工作中，数据分析师常常不会用全量的指标数据衡量其波动，而仅仅基于一部分数据计算其标准差以衡量波动（抽样场景）。

例如，当计算 DAU 的标准差时，我们通常计算的是某一段时间内 DAU 的标准差，而不会将所有日期范围内的 DAU 都从数据库中抽取出来以计算标准差。我们会利用抽样计算的标准差（某一段时间内的）估计总体标准差。

此时，我们会用抽样标准差（s）的公式。

$$s = \sqrt{\frac{\sum_{i=1}^{n}(x_i - \bar{x})^2}{n - 1}}$$

这个公式从形式上来讲和总体标准差公式很像，但两者还是略有差别。因为，抽样标准差并不是真正的总体标准差，而仅仅是对总体标准差的估计。

公式中用均值的估计值 $\bar{x}$ 来代替总体均值 μ，$\bar{x} = \dfrac{\sum\limits_{i=1}^{n} x_i}{n}$；$n$ 是抽样样本量，抽样样本是总体样本的子集，因此 n 小于 N。在这个公式，$n-1$ 称为自由度。在自由度是 $n-1$ 的情况下，抽样标准差是总体标准差的无偏估计量。其详细证明过程会在附录中介绍，这里就不赘述了。记住，我们在日常的数据分析过程中，一般使用抽样标准差来表示指标波动。

方差是标准差的平方，同样用来表示一组数据指标的波动。

总体方差的计算公式如下：

$$\sigma^2 = \frac{\sum\limits_{i=1}^{N}(x_i - \mu)^2}{N}$$

抽样方差的计算公式如下：

$$s^2 = \frac{\sum\limits_{i=1}^{n}(x_i - \bar{x})^2}{n-1}$$

方差在实际中应用得相对较少，原因是方差在量纲上和均值不能直接比较。

当需要比较两组数据波动时，如果两组数据的测量尺度相差太大，或者说数据量纲不同，直接使用标准差来进行比较是不合适的。

在若干年前，某男士经历了一次减肥的过程（当时他的体重为 95 千克）。当时他采用了节食、运动等多种方式。而他也常常受不住诱惑，"大吃大喝"，导致体重反弹。所以他每个月的体重波动都在 2.5kg 左右（抽样标准差）。而他的一位女同事当时也在减肥，但是她的体重基数只有 46～49kg，而她每个月的体重波动在 1kg 左右（抽样标准差）。此时能说明该男士的体重波动就一定比该女士的大吗？并不能，因为该男士的体重基数较大，他的体重增加和降低都相对更容易；而这位女同事的体重基数较小，体重变化也更小。

因此在两组数据量级不一样而又需要比较二者波动的时候，我们就不能直接比较其标准差或者抽样标准差。我们应当消除测量尺度和量纲的影响，再进行比较。此时我们会采用变异系数指标对不同量级的数据指标的波动进行衡量。变异系数（CV）的计算公式如下：

$$CV = \frac{s}{\bar{x}}$$

其中，$\bar{x}$ 代表量级的均值，因此变异系数是一个经过校正的、没有量纲的统计量。事实上，变异系数可以理解为剔除了量级因素影响的相对波动的大小。

回忆一下案例 6-1，我们计算出商务精品酒店的日均收入标准差是 6.6 万元，它大于青年旅店的日收入标准差 2.8 万元。从严格意义上来讲，我们此时还不能说商务精品酒店的日收入波动一定比青年旅店的日收入波动大！因为商务精品酒店的日收入均值为 41.6 万元，其量级是大于青年旅店的日收入均值的。此时我们应该比较二者的变异系数。经过计算，商务精品酒店收入的变异系数为 0.16，青年旅店收入的变异系数为 0.11，商务精品酒店收入的变异系数大于青年旅店收入的变异系数。至此，我们才能很放心地认为，商务精品酒店的日收入波动大于青年旅店的日收入波动。

接下来，我们通过以下这个案例体会变异系数这样一种工具在量纲不一致的情况下衡量波动的重要性。

【案例6-7】　国民经济"三驾马车"的波动情况

国民经济的"三驾马车"分别是消费（最终消费）、投资（资本形成总额）和净出口（货物和服务净出口）。

假如我们目前要看国民经济"三驾马车"历年波动情况，我们先由表6-3求出"三驾马车"的标准差。

表6-3　2011—2021年国内生产总值及消费、投资、出口数据

年份	国内生产总值/亿元	最终消费/亿元	投资总额/亿元	净出口总额/亿元
2011	484109.3	244747.3	227673.5	11688.5
2012	539039.9	275443.9	248960	14636
2013	596344.5	306663.7	275128.7	14552.1
2014	646548	338031.2	294906.1	13610.8
2015	692093.7	371920.7	297826.5	22346.5
2016	745980.5	410806.4	318198.5	16975.6
2017	828982.8	456518.2	357886.1	14578.4
2018	915774.3	506134.9	402585.2	7054.2
2019	990708.4	552631.7	426678.7	11397.9
2020	1025628.4	560811.1	439550.3	25266.9
2021	1140340.1	620921	489897.2	29521.9

数据来源：国家统计局

其中，投资总额的标准差为 85668.1 亿元，而净出口总额的标准差仅为 6622.3 亿元。投资总额的标准差是净出口总额的近 13 倍！

那么我们现在能够下定论说投资总额的波动比净出口总额的大吗？我们先来

看两者的趋势图，如图6-9和图6-10所示。

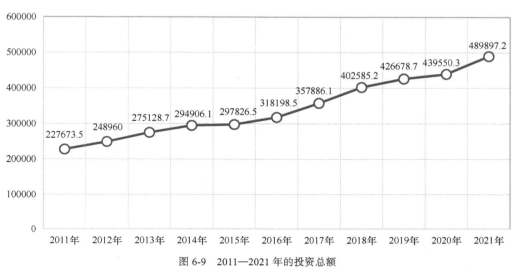

图6-9　2011—2021年的投资总额

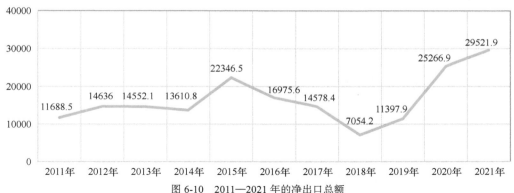

图6-10　2011—2021年的净出口总额

　　我们可以从趋势图中看出，净出口总额的波动更大一些。投资总额的标准差更大，很大程度上是因为投资总额的量级远大于净出口总额。由于二者量级不一样，我们需要求变异系数。投资总额的变异系数为0.249，而净出口总额的变异系数为0.401，投资总额的变异系数小于净出口总额的变异系数。

　　在衡量波动的指标当中，如果我们要比较的两组数据量级差不多，我们可以用标准差来表示波动；如果我们要比较的两组数据量级相差较大，我们可以用变异系数来表示波动。方差和极差由于量纲问题和容易受到极端值影响，在实际操作中应用较少。

　　相关性是指两组数据是否有同向变动或反向变动的关系。换句话说，相关性可以在一定程度上表达两组数据的数量表现有什么共同变化的趋势，是相互促进，还是相互抑制，抑或无关。

数据分析师在日常工作中常用相关系数和回归方法描述相关性。

我们常用的衡量两组数据相关性的指标是皮尔逊相关系数。皮尔逊相关系数（corr）的计算公式如下：

$$\text{corr} = \frac{\sum_{i=1}^{n}(x_i - \bar{x})(y_i - \bar{y})}{\sqrt{\sum_{i=1}^{n}(x_i - \bar{x})^2 \sum_{i=1}^{n}(y_i - \bar{y})^2}}$$

式中，x_i 和 y_i 分别代表两组数据，$\bar{x}$ 和 $\bar{y}$ 分别代表这两组数据的均值。相关系数是一个取值范围为−1～1 的指标。如果两组数据的相关系数为 1，说明这两组数据呈现完全相同的变化趋势（同升、同降）；如果两组数据的相关系数为−1，说明这两组数据呈现完全相反的变化趋势；如果两组数据的相关系数为 0，说明这两组数据之间不存在线性相关的关系。

一般统计学教材中对相关性强弱有如下的经验判断。

● 如果|r|>0.8，说明两组数据高度相关。

● 如果 0.5<|r|≤0.8，说明两组数据中度相关。

● 如果 0.3<|r|≤0.5，说明两组数据低度相关。

● 如果|r|≤0.3，说明两组数据的相关性极弱。

|r|是指相关系数的绝对值。

【案例6-8】 Panda公司APP中用户年龄与购买转化率的相关性

Panda 公司旗中有一款售卖动漫周边产品、模型、扭蛋的APP。Panda公司APP中 18～50 岁用户的购买转化率具体如图6-11所示。

经过计算，该APP用户年龄和购买转化率的相关系数为 0.906，这说明用户年龄和购买转化率之间呈现强烈的正相关的关系。换句话说，用户年龄越大，购买转化率越高。

在利用皮尔逊相关系数度量相关性的时候，有两点需要注意。

一是皮尔逊相关系数是一种衡量两组数据的线性关系的指标。对于非线性关系，皮尔逊相关系数的衡量效果可能不是特别好。此时我们需要找其他的相关系数进行衡量。衡量不同类别数据关系的相关系数有数十种，如斯皮尔曼秩相关系数、点二列相关系数等。如果读者有兴趣，可以进行深入的探究。

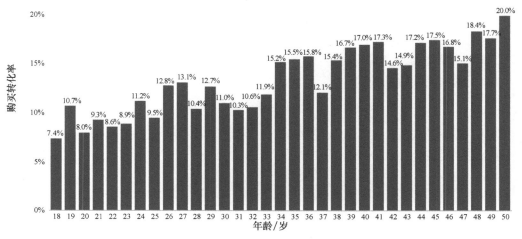

图 6-11　Panda 公司 APP 中 18～50 岁用户的购买转化率

二是相关不等于因果。如果两个因素或者维度相关性高，并不一定能推断其中一个因素的变化是另一个因素发生变化的原因。它们可能只是量级上的同升、同降关系。

不能仅仅因为两个因素之间有相关性，就判定它们之间存在因果关系。

数据分析师要判断变量之间是否存在因果关系，需要借助许多其他信息。一方面，数据分析师要基于对业务的理解来判断变量之间是否存在因果关系。只有数据中体现出来的相关关系从业务角度来讲是合理的，数据分析师才能说两个变量之间有一定的因果关系。这也是数据分析师的工作不能脱离业务的原因。另一方面，从方法和工具上来讲，要界定两个变量的因果关系，数据分析师还需要利用 A/B 测试、因果推断的方法做进一步的研究。

线性回归分析是用来确定两个或多个变量之间的线性关系的方法。线性回归算法是一种有近 200 年历史的算法。线性回归算法可以帮助我们获得一个变量和另外一个或者多个变量的量化关系。

例如，我们可以通过线性回归分析验证如下的量化关系。

● 期末考试前考生多复习 1h，考试成绩就会提高 2.5 分。

● 离地铁站距离每近 500m，房屋均价就会高 500 元。

- 针对某一只股票，在某一个时期内每多投 1000 元，在之后的 3 个月里就多亏 324 元。

在上述量化关系中，随着其他变量变动而变动的变量（如上文中的考试成绩和房屋均价）称为因变量（dependent variable），一般用 y 表示。引起因变量变动的那些变量称为自变量，通常用 X 表示。线性回归就是通过一定方法找到 y 和 X 的如下线性关系的方法：

$$y = X\beta + \varepsilon$$

其中，ε 是误差项，表示除 X 之外的随机因素对 y 的影响，这是不能由 X 和 y 之间的线性关系检验的变异性。

注意，这里的 y、X、β 和 ε 是向量或者矩阵，代表多个样本点。我们将其展开，其形式如下：

$$y = \begin{pmatrix} y_1 \\ y_2 \\ \vdots \\ y_n \end{pmatrix},$$

$$X = \begin{pmatrix} x_1^{\mathrm{T}} \\ x_2^{\mathrm{T}} \\ \vdots \\ x_n^{\mathrm{T}} \end{pmatrix} = \begin{pmatrix} 1 & x_{11} & \cdots & x_{1p} \\ 1 & x_{21} & \cdots & x_{2p} \\ \vdots & \vdots & & \vdots \\ 1 & x_{n1} & \cdots & x_{np} \end{pmatrix},$$

$$\beta = \begin{pmatrix} \beta_1 \\ \beta_2 \\ \vdots \\ \beta_p \end{pmatrix}, \quad \varepsilon = \begin{pmatrix} \varepsilon_1 \\ \varepsilon_2 \\ \vdots \\ \varepsilon_n \end{pmatrix}$$

如果线性回归任务中仅有一个自变量，则称为一元线性回归；如果线性回归任务中有多个自变量（也就是需要找到多个因素对因变量的量化影响），则称为多元线性回归。

☞　**如何拟合回归曲线呢?**

为了方便理解，我们从一元线性回归开始说起。在一元线性回归中，只有一个自变量，换句话说，自变量 X 是一个一维列向量。一元线性回归就是求这个一维自变量 X 与因变量 y 的量化线性关系。

假设我们拥有一定数量的历史数据样本，这些样本就是实际情况中不同的 x 和

对应的 y 的组合。我们将这些样本点绘制入直角坐标系，如图 6-12 所示。线性回归就是帮我们通过这些散点的分布找到自变量和因变量的某种量化关系。这种关系就是图 6-12 中的直线。通过一定的方法去求出这条直线的表达式的过程称为"拟合"。

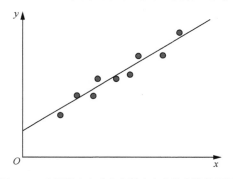

为什么图 6-12 中的直线可以表示自变量和因变量之间的量化关系呢？因为图 6-12 中的直线可以用以下公式表示：

$$y = \beta_0 + \beta_1 x$$

其中，系数 $\beta_1 (\beta_1 \neq 0)$ 就表示 x 和 y 之间

图 6-12 实际样本点分布在拟合出来的直线的周围

的量化关系：在其他条件不变的情况下，x 每增加一个单位，会引起 y 变动 β_1 个单位。β_0 是常数项，是指 y 中所蕴含的与 x 无关的信息。

而在实际情况中，样本点并不完全分布在拟合出来的直线上，而分布在拟合出来的直线周围。因为实际的样本点会和 $y = \beta_0 + \beta_1 x$ 之间存在一系列的随机误差，ε 就代表实际样本点和拟合出来的曲线之间的误差。因此，实际样本点中 x 和 y 的关系就是 $y = \beta_0 + \beta_1 x + \varepsilon$（见图 6-12）。

如果能够通过一定的方式估算出常数项 β_0 和回归系数 β_1，我们也就得到了直线的近似表达式，我们可以用 $\widehat{\beta_0}$ 和 $\widehat{\beta_1}$ 表示常数项 β_0 和回归系数 β_1 的估计值：

$$\hat{y} = \widehat{\beta_0} + \widehat{\beta_1} x$$

$\hat{y}$ 表示因变量 y 的估计值，而因变量 y 与其估计值之间的差就是误差项 ε，即

$$\varepsilon = y - \hat{y}$$

将上述描述表现在图上，如图 6-13 所示。

每个具体因变量观测值 y 到拟合曲线上对应点 $\hat{y}$ 的距离就是 $\varepsilon = y - \hat{y}$。整体而言，每个具体因变量观测值 y 到拟合曲线上对应点 $\hat{y}$ 的平均距离越小，说明我们拟合出来的直线与实际的数据点越贴合，拟合的效果越好！

也就是说，我们可以通过求取使得因变量的观测值与估计值之间差值最小的 $\widehat{\beta_0}$ 和 $\widehat{\beta_1}$

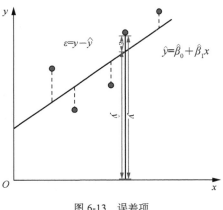

图 6-13 误差项

来获得拟合效果最好的直线。

我们可以先列出目标函数：

$$O_{\min} = \sum_{i=1}^{n} (y_i - \hat{y}_i)^2 = \sum_{i=1}^{n} (y_i - \hat{b}_0 - \hat{b}_1 x_i)^2$$

然后，通过分别求目标函数关于 $\widehat{\beta_0}$ 和 $\widehat{\beta_1}$ 的偏导数，令其为 0。接着，使因变量的观测值与估计值的离差平方和达到最小来求 $\widehat{\beta_0}$ 和 $\widehat{\beta_1}$。经过计算，结果为

$$\begin{cases} \hat{\beta}_1 = \dfrac{n \sum\limits_{i=1}^{n} x_i y_i - \left(\sum\limits_{i=1}^{n} x_i\right)\left(\sum\limits_{i=1}^{n} y_i\right)}{n \sum\limits_{i=1}^{n} x_i^2 - \left(\sum\limits_{i=1}^{n} x_i\right)^2} \\ \hat{\beta}_0 = \bar{y} - \hat{\beta}_1 \bar{x} \end{cases}$$

以上就是求一元线性回归拟合直线的方法。这种方法又称为"最小二乘法"。

针对多元线性回归，求取参数的过程和一元线性回归的相同，同样是最小二乘法。拟合直线的思路还是求令实际观测因变量 Y 和估计因变量 $\hat{Y}$ 的离差平方和最小的系数矩阵 B。

经过计算，最优的参数矩阵结果为

$$\hat{B} = (X^{\mathrm{T}} X)^{-1} X^{\mathrm{T}} Y$$

拟合一元线性回归的过程比较简单，通过 Excel 就可以实现。

我们可以通过一个案例来看一下如何通过 Excel 来做线性回归分析。

【案例6-9】 用Excel求国内生产总值和最终消费的线性回归曲线

我国 2011—2021 年国内生产总值和最终消费如表 6-4 所示。

表6-4　国内生产总值与最终消费

年份	国内生产总值/亿元	最终消费/亿元
2011	484109.3	244747.3
2012	539039.9	275443.9
2013	596344.5	306663.7
2014	646548	338031.2
2015	692093.7	371920.7

续表

年份	国内生产总值/亿元	最终消费/亿元
2016	745980.5	410806.4
2017	828982.8	456518.2
2018	915774.3	506134.9
2019	990708.4	552631.7
2020	1025628.4	560811.1
2021	1140340.1	620921

数据来源：国家统计局。

我们希望基于以上数据构建线性回归模型，拟合最终消费对国内生产总值的影响。

第1步，在Excel中绘制散点图（见图6-14）。

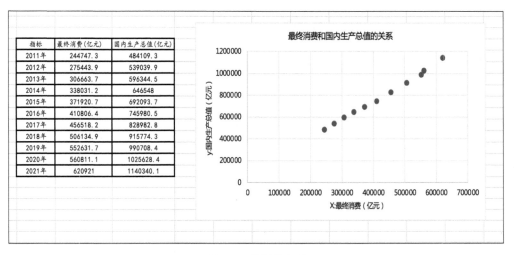

图 6-14 绘制散点图

我们可以在Excel里面绘制散点图，在散点图中，横轴表示"最终消费/亿元"，纵轴表示"国内生产总值/亿元"，历年数据就是散点图中的点。我们可以大致看出，随着最终消费的上升，国内生产总值也是上升的。

第2步，在散点图上添加趋势线。

选中图中的散点，右击，选择"添加趋势线"，如图6-15所示。

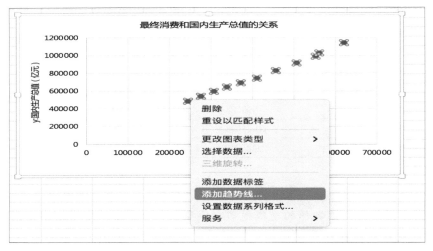

图 6-15 添加趋势线

此时，绘图区中会出现趋势线，并且会弹出"设置趋势线格式"窗格（见图 6-16）。在该窗格中的"趋势线选项"区域中选择"线性"，在下方勾选"显示公式"和"显示 R 平方值"复选框。

图 6-16 "设置趋势线格式"窗格

此时在绘图区会显示趋势线的表达式和 R 平方值，如图 6-17 所示。

图 6-17　最终消费对国内生产总值的影响（线性回归）

我们可以看到，拟合出来的直线表达式为 $y = 1.6953x + 66506$。这个表达式的意义是，在其他条件不变的情况下，最终消费每增加 1 亿元，国内生产总值会增加 1.6953 亿元。

我们还注意到图 6-19 中显示 $R^2 = 0.997$。R^2 称为拟合优度或者决定系数，它反映回归拟合的直线中蕴含着多少实际数据中的信息。R^2 是一个 0 到 1 的数字。R^2 越大说明拟合出来的直线能解释实际数据中越大比例的信息，拟合的效果越好。图 6-19 中 $R^2 = 0.997$ 说明我们拟合出的直线解释了实际数据中 99.7% 的信息，拟合效果较好。

当然，线性回归算法并非那么简单。线性回归算法需要满足许多假设条件，这里面涉及比较复杂的统计学知识。有兴趣的读者可以阅读相关的统计学图书进行深入学习。

既然线性回归系数和相关系数都能够表示两个变量之间的关系，那么它们之间有什么区别和联系呢？

二者之间的联系在于二者都表示的是两个变量之间的线性关系。若线性回归系数大于 0，则相关系数大于 0；若线性回归系数小于 0，则相关系数小于 0。

二者之间的区别在于以下两点。首先，线性回归系数表现的是自变量变动和因变量变动之间的量化关系，而相关系数仅仅反映两个变量之间的相关程度。其次，从取值范围上来讲，线性回归系数的取值范围为 $[-\infty, \infty]$，而相关系数的取值范围是 $[-1, 1]$。

探索性数据分析所涉及的相关指标都可以利用 Excel 的函数求出，这种方法非常简单、方便。即使我们之前不了解这些函数也没关系，Excel 提供了非常详细的帮助文档供我们了解和学习。

相关的 Excel 函数有 3 类。

- 用于描述集中趋势的函数：AVERAGE（计算算术平均数）、MEDIAN（计算中位数）和 MODE（计算众数）。

- 用于描述离中趋势的函数：VAR.P（计算总体方差）、VAR.S（计算样本方差）、STDEV.P（计算总体标准差）、STDEV.S（计算样本标准差）。

- 用于计算相关系数的函数：CORREL（计算皮尔逊相关系数）。

6.2.3　趋势分析

趋势分析就是指描述数据指标在时间序列上的变化方向和规律。通常我们用两种方式对数据指标进行趋势分析：一种是利用线性回归；另一种是利用时间序列趋势分解方法。

1．利用线性回归判断趋势

简单的场景下，我们可以通过线性回归算法判断数据的变化方向。那么，具体应该如何操作呢？

我们可以对时间进行编号，并以时间作为自变量，以指标在每个时间点上的数值作为因变量。此时拟合的线性关系表示因变量随着时间的推移而发生的变化。

首先，我们对时间进行编号，生成自变量。

假设 T 日代表当日，我们要计算 i 天前到昨天的因变量变化趋势，我们就可以将这个命题转化为计算 $T{-}i$ 日到 $T{-}1$ 日（昨天）的数据指标变动趋势。我们基于时间生成一组变量。我们令起始时间 $T{-}i{=}1$，$T{-}i{+}1{=}2$，$\cdots$，$T{-}1{=}i$。我们令这一组变量为自变量。然后，我们拟合出自变量（时间）与指标 y 的线性函数关系：

$$y = \beta_0 + \beta_1 \text{Day}_t + \varepsilon$$

其中，$t = 1, 2, \cdots, T{-}1$。

此时系数 $\beta_1 (\beta_1 \neq 0)$ 的意义为随着时间的流逝，指标 y 的平均变动数量。如果 β_1 为正值，就意味着在这段时间内，随着时间的流逝，指标 y 呈现正向变动趋势，也就是增长趋势。如果 β_1 为负值，说明随着时间的流逝，指标 y 呈现负向变动趋势。

【案例6-10】 Panda公司购买率趋势分析

Panda公司的产品经理挪亚在2020年9月下旬针对产品购买率上线了一系列UI优化。从Panda公司的购买率曲线（见图6-18）来看购买率好像有所增长，但是由于数据波动较大，无法判断购买率是否有增长趋势。

于是挪亚求助数据分析师贾森进行判断。贾森以10月15日开始的第几天的天数为自变量，以购买率为因变量，拟合出购买率随时间变动的线性函数关系，并且绘制趋势线，如图6-19所示。

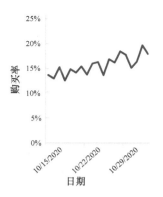

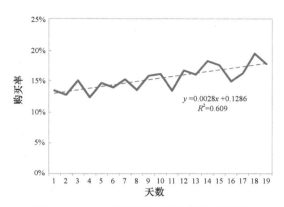

图 6-18　Panda公司购买率曲线　　　　图 6-19　Panda公司购买率曲线（添加趋势线）

贾森发现，拟合直线斜率为正（0.0028），也就是说，从第一天（10月15日）开始，购买率以每天0.28%的增幅在缓慢增加。这说明在这段时期内，随着产品的优化和时间的推移，购买率是呈缓慢增加趋势的。

2. 利用时间序列趋势分解方法判断趋势

由于时间序列趋势分解方法的系统性和理论性都较强，这里不做全面、深入的介绍，仅介绍一种利用时间序列趋势分解判断趋势特征的方法。

除通过线性回归来判断趋势以外，我们还可以利用时间序列趋势分解方法对趋势进行判断。

时间序列分解模型认为任何一个与时间相关的数据指标都可以拆解成如下几个因素。

- **长期趋势（T）因素**：反映指标在一段较长时间内的发展方向，它表示指标在一段相当长的时间内表现为一种持续向上、持续向下或平稳的趋势。

- **周期变动（*C*）因素**：也称循环变动因素，它反映指标定期交替出现高峰与低谷的规律的变动趋势。

- **不规则变动（*I*）因素**：又称随机变动因素，它表示受各种偶然因素影响所形成的不规则变动。

时间序列 *y* 可以表示为关于以上几个因素的函数。以上几个因素可以通过加法的方式组合：

$$y=T+C+I$$

也可以通过乘法的方式组合：

$$y=TCI$$

时间序列趋势分解需要借助专业的统计分析工具（R、SPSS、Python）完成。本书附录中有时间序列趋势分解方法的 Python 代码，供有兴趣的读者参考。

【案例6-11】 Panda公司活跃用户的时间序列趋势分解

Panda 公司的 DAU 趋势如图 6-20 所示。数据分析师贾森拟对公司的活跃用户趋势加以研究。他初步看到在这张图中 DAU 在 19000～23000 波动，并且呈现明显的周期性趋势。

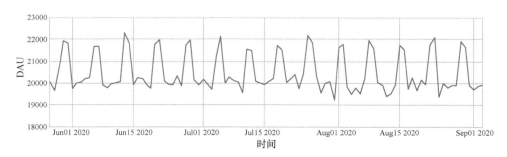

图 6-20　Panda 公司的 DAU 趋势

于是他针对公司的 DAU 数据进行了进一步的时间序列分解，结果如图 6-21 所示。

贾森发现，DAU 呈现比较明显的周期性趋势，周末高，平时低。时间序列分解的季节性因素系数在周末时为 1.06 左右，说明 Panda 公司的 DAU 在周末的时候会比平时高 6% 左右。另外，从长期趋势上看，在 2020 年 7 月底、8 月初（对应图 6-21 的第 60～70 天）的时候 DAU 略有下降。从随机误差上看，DAU 整体随机波动较小。

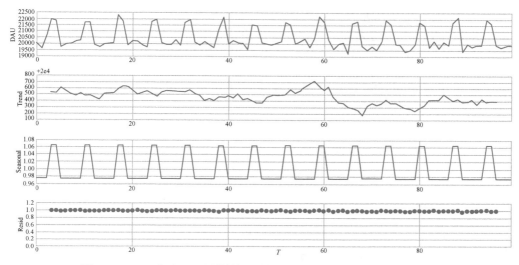

图 6-21　Panda 公司 DAU 原始数据、长期趋势、周期性趋势和随机误差对比

6.3　异常值发现

异常值发现是指数据分析师对业务指标是否发生异常进行判断，并及时反馈给业务线人员的工作流程。

异常值发现的第一步是合理地界定异常值。

什么是异常值呢？异常值是指样本中的个别值，其数值明显偏离它（或它们）所属样本的其余观测值，也称为离群值（outlier）。

在数据分析师的日常工作中，通常使用以下两类方法判断异常值。

一类方法是直接通过阈值进行判断。例如，数据分析师人为规定，如果某一天的收入下降 5% 以上就算异常。这种人为设定阈值的方法相对快捷，但是这种方法过于主观，容易出错。

另一类方法是通过统计学方法发现异常值。而通过统计学方法发现异常值的方法有西格玛法则和四分位差法。

6.3.1　西格玛法则

西格玛法则是通过统计学方法判断异常值的一种方法。西格玛法则中的"西

103

格玛"就是我们前文所介绍的标准差 σ，代表数据波动情况。在西格玛法则下，如果指标中的某一个数值表现特别极端，超出了正常的波动范围，我们就认为该指标变动到这个数值水平的概率比较小，这个数值是异常值。

在 20 世纪 80 和 90 年代，工业界曾经大力倡导一种叫作"六西格玛"的生产标准。许多企业用这种标准来衡量一个流程的完美程度，显示每 100 万次操作中发生多少次失误。"六西格玛"意味着每 100 万次操作中只有不到 3.4 次操作失误。

西格玛法则需要应用数据的概率分布信息来判断异常值，因此在介绍西格玛法则之前，首先介绍与概率分布相关的几个概念。

1．变量和概率

变量是对事件的量化，在进行数据分析的过程中，实际指我们分析的指标或者维度的量化。从类别上，变量可以分为离散变量和连续变量。

以下变量就是离散变量：

- 性别（0 表示女性，1 表示男性）；

- 用户是否购物（0 表示不购物，1 表示购物）。

以下变量就是连续变量：

- 用户的消费金额；

- 用户在 APP 上的停留时长。

概率是什么呢？概率是指事件随机发生的可能性，也就是变量各取值出现的频次占变量总体出现频次的大小。例如，一枚质地均匀的骰子掷出 1 到 6 点的概率都约为 16.67%（即 1/6）。

2．概率分布

概率分布是指用于表述随机变量取值的概率规律。事件的概率表示一组变量中某一个结果发生的可能性大小。若要全面了解变量的概率分布，则必须知道事件的全部可能结果及各种可能结果发生的概率。

离散随机变量的分布情况可以表示为

$$P\{X=x_k\}=P_k$$

以上公式也称为离散随机变量的分布律，也就是变量取值为 x_k 时对应的概率值 P_k 的全部罗列，也可以写成表 6-5 所示的形式。

表6-5 变量取值为 x_k 时对应的概率值 P_k

X	x_1	x_2	...	x_n
P_k	P_1	P_2	...	P_n

例如，掷骰子的随机事件服从的分布如表 6-6 所示。

表6-6 掷骰子的随机事件服从的分布

X	1	2	3	4	5	6
P_k	1/6	1/6	1/6	1/6	1/6	1/6

扔硬币的随机事件服从的分布（0-1 分布）如表 6-7 所示。

表6-7 扔硬币的随机事件服从的分布

X	0（反面）	1（正面）
P_k	1/2	1/2

常见的离散随机变量分布有二项分布、几何分布、泊松分布等。

对于连续随机变量，由于其可能的取值不能一一列举出来，因此我们就不能像离散随机变量那样通过分布律或者表格的形式来表现。我们需要引入另一种表现形式。我们通过连续随机变量的分布函数来表示随机变量的概率分布。

分布函数的表现形式如下：

$$F(k) = P\{X \leqslant k\}, -\infty < k < \infty$$

式中，k 是连续随机变量 X 的最大值。

从上述公式可以看出，分布函数就是随机变量取值小于或者等于 k 的概率。

例如，对于连续随机变量"用户消费金额"而言，其取值范围就是 $0 \sim +\infty$。因为用户可以不购买我们的产品，也可以购买我们的很多产品。而"用户消费金额"的分布函数 $F(k) = P\{X \leqslant k\}$ 就是指"用户消费金额"小于或等于 k 元的概率分布规律。

我们还能够用分布函数表现连续随机变量落在某一个区间内的概率。例如，随机变量落在 k_1 和 k_2（$k_1 < k_2$）之间的概率满足：

$$P\{k_1 < X < k_2\} = P\{X \leqslant k_2\} - P\{X \leqslant k_1\} = F(k_2) - F(k_1)$$

常见的连续随机变量分布有均匀分布、指数分布和正态分布等。

在连续随机变量分布中，非常重要的分布是正态分布。

正态分布（normal distribution）也称常态分布，又名高斯分布（Gaussian distribution）。

正态分布描述了这样一种概率分布的规律：一组数据始终在均值周围波动，越靠近均值的值出现的概率越大，越远离均值的值出现的概率越小。例如，根据《中国居民营养与慢性病状况报告（2020 年）》，中国 18～44 岁男性平均身高为 169.7cm，因此在所有该年龄段的中国男性中，大部分人的身高在这个均值周围波动。离 169.7cm 这个均值越近的身高出现的概率越大；离这个均值越远的身高出现的概率越小。某篮球运动员的身高为 226cm，比中国 18～44 岁男性身高均值超出 56.3cm。但是我们都能够看到，我们周围如该篮球运动员这样的"巨人"少之又少，大部分男性的身高还在均值周围波动。再例如，人们的智商均值为 100，像爱因斯坦或者莫扎特那样智商大于 160 的人毕竟是少数。

实际生活中，很多东西遵循正态分布，例如：

- 人的身高；

- 机器产品的大小；

- 测量误差；

- 血压；

- 测验分数。

正态分布曲线如图 6-22 所示。

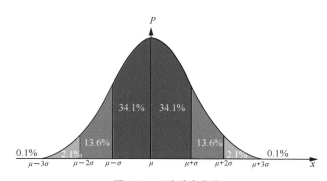

图 6-22 正态分布曲线

图 6-22 中，横轴表示变量的不同取值，中间的取值 μ 是变量的均值。而 σ 是变量的标准差；纵轴表示变量不同取值出现的概率值。我们可以看到正态分布曲线呈钟形，两边低，中间高，左右对称。正态分布的均值和标准差具有代表性，只要知道其均值和标准差，这个变量的分布情况就完全确定了。在正态分布中，均值、中位数与众数均相等。

正态分布的分布函数如下：

$$F(x) = \int_{-\infty}^{x} \frac{1}{\sqrt{2\pi} \cdot \sigma} e^{-\frac{(t-\mu)^2}{2\sigma^2}} dt$$

对于正态分布，以下结论成立。

- 数值分布在 $(\mu-\sigma, \mu+\sigma)$ 中的概率为 68.26%。

- 数值分布在 $(\mu-2\sigma, \mu+2\sigma)$ 中的概率为 95.44%。

- 数值分布在 $(\mu-3\sigma, \mu+3\sigma)$ 中的概率为 99.74%。

可以认为，正态分布的取值几乎全部集中在 $(\mu-3\sigma, \mu+3\sigma)$ 区间内，取值超出这个范围的概率不到 0.3%。这就是说，如果一组数字中突然出现了一个数字过大或者过小，其取值超过了 $\mu+3\sigma$ 或者不足 $\mu-3\sigma$，那么这个数字出现的概率非常小，可以视为异常状况，如图 6-23 所示。

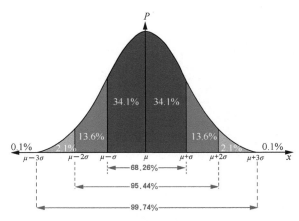

图 6-23　正态分布取值在不同范围内的概率

根据这样的法则，我们可以构建一套异常值发现的机制和体系。一旦某一个指标在某一天的数值超出这个指标前一段时间的均值加减 k 倍标准差的范围，我们就认为这一天的数值是一个异常值。如果一个变量某一天的数值落在均值加或减 k 倍标准差的范围内，我们则认为这是正常情况。k 是标准差倍数，如果 k 越大，我们判定异常值的阈值更高，对异常值的判定会更加严格，出现异常值的情形会越少。在这种情况下，我们的异常值判定机制就更加不敏感。如果 k 较小，则会有更多的数值会被判定为异常值，我们的异常值判定机制更加敏感。我们用图 6-23 加以理解，如果令 $k=3$，则正常值出现的比例为 99.7%，异常值出现的比例不到 0.3%；如果令 $k=1$，则正常值出现的比例为 68.7%，异常值判定机制会将31.8% 的数值判定为异常值。因此，k 越小，判定机制对异常值就更敏感，就能发现更多的异常值。但是，在正常的业务分析中，我们真正需要关注的异常情况不多，我们只需要在少数情况处理异常值，所以实际操作中，构建这套异常值发现机制的时候，通常取 $k=2$ 或者 $k=3$。其具体步骤如下。

第 1 步，获取数据。

从数据库中获取我们所需要预警的指标在过去较长一段时间的数据。例如，如果我们要对今天的 ARPU 是否为异常值进行判断，我们就需要获取过去较长一段时间的 ARPU（如过去 30 天的 ARPU 或过去 50 天的 ARPU）。

第 2 步，构建区间。

计算过去某一段时间内 ARPU 的样本均值、样本标准差。根据我们所需要的预警敏感程度，求出阈值。

假设 x_t 表示某指标当天的数值，x_{t-1} 表示该指标前 1 天的数值，x_{t-2} 表示该指标前 2 天的数值，以此类推。

过去 n 天的样本均值为

$$\bar{x} = \frac{\sum\limits_{i=1}^{n} x_{t-i}}{n}$$

过去 n 天的样本标准差为

$$s = \sqrt{\frac{\sum\limits_{i=1}^{n}(x_{t-i} - \bar{x})^2}{n-1}}$$

设置的阈值区间为

$$(\bar{x} - ks, \bar{x} + ks)$$

第 3 步，比较。

在计算出阈值区间之后，我们需要将当天的数值 x_t 和阈值上限、下限进行比较，判断当天的数值是否超出阈值上限、下限。若超出，则认为该数值是异常值。

也就是说，一旦当天的数值 $x_t > \bar{x} + ks$ 或者 $x_t < \bar{x} - ks$，我们就通过系统自动进行预警，通知相关业务方。反之，我们则认为该数值正常。

上述公式中的 k 代表预警的敏感程度，k 越大，触发系统进行预警的阈值就越大，预警就越不敏感；k 越小，触发系统进行预警的阈值就越小，预警就越敏感。我们在日常的指标预警过程中，一般用 $k=2$ 或者 $k=3$ 进行预警。对于正态分布，在 $k=2$ 的情况下，如果某一个指标出现异常的概率小于 5%（4.6%），我们就认为它是异常值。在 $k=3$ 的情况下，如果某一个指标出现异常的概率小于 0.3%，我们就认为它是异常值。用西格玛法则进行预警的流程如图 6-24 所示。

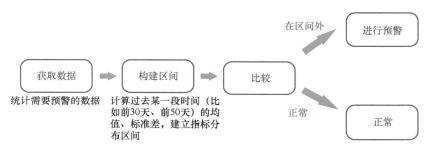

图 6-24　用西格玛法则进行预警的流程

【案例6-12】 Panda公司异常值预警

Panda 公司 APP 的数据分析师会对日常的数据进行监控和预警。以 ARPPU 为例，该 APP 的 ARPPU 一般介于 250～350 元，如图 6-25 所示。

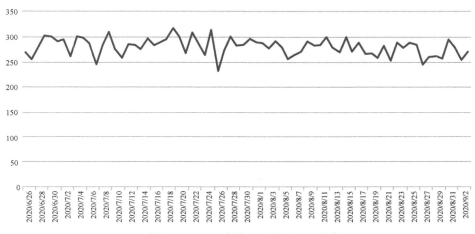

图 6-25　Panda 公司 APP 的 ARPPU 趋势

数据分析师拟基于西格玛法则构建ARPPU变动的上限和下限。数据分析师与产品经理沟通，将变动的上限和下限定为前30天均值加减两倍标准差，即

$$(\bar{x}-2s, \bar{x}+2s)$$

一旦某日实际ARPPU超出这个范围，就利用邮件向相关人员（产品经理、运营人员以及团队领导）发出预警。在2020年6月26日至2020年9月3日期间，这个预警体系两次发出预警，时间分别是2020年7月26日和2020年8月27日，如图6-26所示。

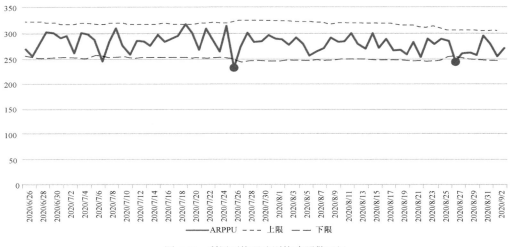

图 6-26　利用西格玛法则构建预警区间

6.3.2　四分位差法

统计学中，除西格玛法则之外，我们还可以通过四分位差法判断数据指标是否异常。四分位差就是四分位极差，这个指标也代表数据的波动水平。

前面介绍过百分位数的概念。如果将一组数据从小到大排序，并计算相应的累计百分位，则某一百分位所对应数据的值就称为这一百分位的百分位数。n 个观测值按数值从小到大排列，处于 $p\%$ 位置的值称为第 p 百分位数。

在所有的百分位数中，有 3 个百分位数需要特别注意，它称为四分位数（quartile）。四分位数是统计学中特殊的一组百分位数，即把所有数值由小到大排列并分成 4 等份，处于 3 个分割点位置的数值就是四分位数。

第一四分位数（Q_1）又称"下四分位数"，等于该样本中所有数值由小到大排列后第 25 百分位数。

第二四分位数（Q_2）即"中位数"，等于该样本中所有数值由小到大排列后第 50 百分位数。

第三四分位数（Q_3）又称"上四分位数"，等于该样本中所有数值由小到大排列后第 75 百分位数。

第三四分位数（Q_3）与第一四分位数（Q_1）的差称为四分位差（IQR），又称四分位距，即

$$IQR = Q_3 - Q_1$$

在四分位差法中，异常值被定义为小于 $Q_1 - 1.5IQR$ 或大于 $Q_3 + 1.5IQR$ 的值。

数据分析师常使用的箱线图，就是四分位差法的可视化体现。箱线图（box-plot）又称为盒须图、盒式图或箱形图，如图 6-27 所示，左侧数字代表变量的取值范围。在箱线图中，下边缘与上边缘分别为 $Q_1 - 1.5IQR$ 和 $Q_3 + 1.5IQR$。一旦超出上边缘或下边缘，就认为该数据是异常值。

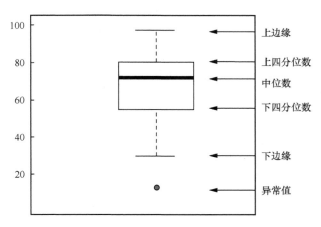

图 6-27　箱线图

在具体预警流程上，四分位差法和西格玛法则是一致的，都需要经过获取数据、构建区间和比较 3 个步骤，这里就不赘述了。四分位差法的一个好处是，由于它利用的是中位数和四分位数，因此受异常值影响较小。在指标有较多异常值的情况下或者不符合正态分布的情况下，我们就可以利用四分位差法进行异常值的判断。

6.4　定位问题

利用数据定位问题或者找到关键突破点，是数据分析师的重要价值。数据分析师定位问题或找关键突破点时有"四大利器"——漏斗分析、多维分析、指标拆解和魔法数字。

6.4.1　漏斗分析

漏斗分析是指将产品中的某一流程抽象出来，观察和分析流程中每一步的转化与流失情况，并根据分析结果进行优化的过程。漏斗分析是定位问题、发现产品优化点的"利器"。

基于"转化漏斗"的分析在获客、优化产品和提高购买转化率等方面都非常值得关注。

例如，电商行业中，许多公司除关注转化率指标之外，还关注弃买率这样一个指标。弃买率是指买家开始购买流程之后又放弃购买的比例。一项研究表明，65% 的访客最后会放弃购买他们的"购物车"里的东西。所以电商行业非常关注转化漏斗。在生成订单但未支付的环节，京东会通过"确认要离开收银台？"弹窗，对未支付的用户进行提示，如图 6-28 所示。

图 6-28　京东的"确认要离开收银台？"弹窗

漏斗分析方法适用于对多环节流程链条的场景中进行指标异动原因定位。

漏斗分析的步骤有 3 个，如图 6-29 所示。

图 6-29　漏斗分析的步骤

第1步是梳理漏斗。根据业务特征，确定漏斗的环节。

第2步是聚焦漏出。漏斗分析其实应该关注的是没有走完漏斗流程的那一部分人。在漏斗分析的聚焦漏出步骤中，我们需要关注两种转化率——环节转化率和总体转化率。

$$第 i 环节的环节转化率 = \frac{到达i环节的用户数}{到达i - 1环节 (上一个环节)的用户数}, i > 1$$

$$第 i 环节的总体转化率 = \frac{到达i环节的用户数}{第一个环节的用户数}, i \geqslant 1$$

第3步是逐步优化。逐步优化要求我们通过各种手段不断优化漏斗的环节转化率。我们需要通过不断地优化，使得漏出用户数占比不断地降低。

【案例6-13】 Panda公司购买流程漏斗分析

Panda公司主要经营动漫周边产品和扭蛋产品，产品经理和运营人员想针对其购买流程漏斗进行优化以提高其转化率。于是他们求助了数据分析师。

数据分析师和产品经理及运营人员讨论，首先梳理了公司的用户购买流程漏斗。公司的用户购买流程漏斗一共有5步，梳理出来的漏斗如图6-30所示。

第1步，进入首页。用户登录之后就会进入首页。

第2步，查看商品详情页。用户可以通过主动搜索或者浏览首页的推荐内容进入商品详情页。

第3步，加入购物车。用户在找到自己心仪商品的详情页之后，就会将商品加入购物车。

图 6-30　Panda 公司的用户购买流程漏斗

第4步，进入支付页面。将商品加入购物车之后，用户可以单击"去结账"按钮，进入支付页面，支付页面会向用户展示订单信息以供用户确认是否正确。如果确认无误，用户就可以单击"确认支付"按钮了。

第5步，支付成功。

漏斗梳理完成之后，数据分析师根据实际数据计算购买流程的总体转化率和环节转化率，如图6-31所示。

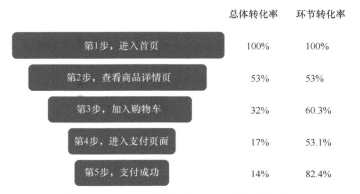

	总体转化率	环节转化率
第1步，进入首页	100%	100%
第2步，查看商品详情页	53%	53%
第3步，加入购物车	32%	60.3%
第4步，进入支付页面	17%	53.1%
第5步，支付成功	14%	82.4%

图 6-31　Panda 公司的用户购买流程漏斗转化率

从环节转化率来看，第 1 步到第 2 步的环节转化率为 53%，相对较低。如何优化这一步漏斗的转化率，减少漏出呢？数据分析师和产品经理、运营人员一起进行了复盘。用户进入首页以后，可以使用以下两种方式进入商品详情页。

一是用户主动搜索自己感兴趣的商品，如果能够返回结果，就会进入商品列表页。在商品列表页中用户可以单击相关商品，进入商品详情页。数据分析师发现，用户通过主动搜索的方式进入商品详情页的比例仅为 33.5%，相对较低。用户通过主动搜索的方式进入第 2 步漏斗的比例较低，主要原因是平台的商品主要是自营，品类不完善；用户不一定能够搜出结果。

二是用户浏览首页的推荐商品，如果用户对首页推荐的商品感兴趣，单击所推荐的商品，也会进入商品详情页。

为了优化这一步漏斗，产品经理和运营人员增加了平台经营产品的品类；并且和负责设计推荐算法的算法工程师进行了沟通，优化了算法。最终通过两个多月的努力，这一环节转化率由原先的 53% 提升到了 64%。

第 2 步到第 3 步的环节转化率为 60.3%。产品经理和运营人员通过举行不定期的促销活动来引导用户将商品加入购物车；运营人员还优化了商品描述和图片，使商品更吸引人。通过这两个策略，环节转化率提升为 69%。

第 3 步到第 4 步的环节转化率也比较低，为 53.1%。这说明有很多用户仅仅将心仪的商品加入了购物车而没有立刻购买。经过和用户的访谈，大家了解到用户"藏而不买"可能有两种心理。一是在犹豫要不要买，二是在看未来会不会降价。

此时运营人员通过一些召回手段引导用户购买。一是给"藏而不买"的用户发送一条短信"您喜欢的××商品有××××人正在选购，您眼光真独到！"来激发用户。

二是用户收藏的商品降价超过一定幅度时发送短信给用户。通过这两种方式，最终第3步到第4步的环节转化率提升到了62.2%。

第4步到第5步的环节转化率虽然较高，为82.4%，但是仍有优化的空间。进入支付页面的用户一般都有很强的购买意愿，此时他们没有支付成功而漏出是比较可惜的事情。产品经理和数据分析师排查了支付不成功的原因，主要有两个原因：一是支付接口调取时存在bug；二是用户余额不足。于是产品经理将bug反馈给开发人员并进行优化，使得这一环节转化率提高到了90.1%。

这一系列的针对用户购买流程漏斗的分析和优化工作持续进行了半年。虽然对每一步只优化了一点点，但是最终的用户购买转化率从原先的14%提升到了24.8%。

6.4.2　多维分析

在我们的生活中，如果偏听、偏信，必然会时常犯错误。中国古代的谚语"3个臭皮匠，顶个诸葛亮"以及部分西方思想家提倡的"6顶帽子思考法"都告诉我们在思考一个问题的时候，要参考多方面、多维度的信息。对于数据分析师而言，做数据决策的时候，如果只从单一维度进行分析，得出的结论必然不全面。

多维分析是通过同时比较两个或两个以上的数据维度，对数据现象做更加全面的界定和拆分的方法。多维分析其实在之前介绍"田"思维的时候做过简要介绍，它能够帮助我们从不同的维度了解问题、定位问题。

我们在前文提到的非常著名的分析工具——因素-重要性推导模型，就是利用多维分析的方法构建的。

6.4.3　指标拆解

通过指标拆解定位问题的方法实际上是金字塔原理的一种具体应用。这种方法实际上针对异常指标或者所关注指标按照一定方式进行拆解，然后定位。这种方法对应自上而下的金字塔原理。

在数据分析师的日常工作中，指标拆解大致有基于指标计算逻辑拆解和基于其他维度拆解这两种方式。

基于指标计算逻辑拆解是指基于指标的计算公式中的各构成指标，逐个进行分析，排除或者定位问题的过程。如果一个公司的GMV出了问题，我们首先应该想到可以基于GMV的公式进行拆解，即GMV=ARPU×DAU。拆解完成之后我们就可以判断 GMV 出的问题到底是用户平均购买力（用 ARPU 代表）下降造成的还是用户规模（用 DAU 代表）减小造成的。

如果发现问题是用户平均购买力下降造成的，那么我们可以进一步对 ARPU 进行拆解，即 ARPU=ARPPU×购买率。我们进一步基于这个计算逻辑判断 ARPU 下降的主要原因是 ARPPU 的下降还是购买率的下降。

拆解维度包括用户账户特征、人口学维度、用户行为拆解等。

用户账户特征是指用户账户中体现出的一些可供挖掘的信息。例如，通过用户注册天数这个维度判断某用户是新用户还是旧用户；手机操作系统（Android、iOS）也是用户账户特征分析中非常重要的特征。

基于人口学维度拆解是指按照性别、年龄、地域、职业等维度对指标进行分析，看哪些细分人群在某项指标上的表现较差造成了该指标总体数据情况较差。例如，如果某视频 APP 某一天的用户平均观看时长下降了 20%，那么我们可以关注主要是男性用户观看时长下降还是女性用户观看时长下降，是年轻用户观看时长下降还是中老年用户观看时长下降。这就是基于人口学维度拆解。

基于用户行为拆解与基于人口学维度拆解的思路类似。例如，若某 APP 的 ARPU 下降了，我们可以分析如下问题。

- 是高频用户还是中低频用户的 ARPU 下降对总体 ARPU 下降产生了较大的影响？

- 是新用户的 ARPU 下降还是旧用户的 ARPU 下降拉低了总体 ARPU？

通常优秀的数据分析师在拆解指标的时候可以灵活地使用多种拆解方法。

【案例6-14】 Panda公司ARPU下降原因定位

在 2020 年 9 月初月度汇报的时候，Panda 公司商业化产品经理挪亚发现 8 月的 ARPU 相对 6 月有所下降。他发现 5 月的 ARPU 的均值是 16.7 元，9 月的 ARPU 的均值是 14.9 元，降幅达到 10.8%。此时数据分析师贾森希望能够通过指标拆解法去找到 ARPU 下降的原因。

图 6-32 展示了 Panda 公司的 ARPU 趋势。

于是数据分析师贾森首先针对公司的 ARPU 指标进行了第一层拆解——按 ARPU 的公式拆解：

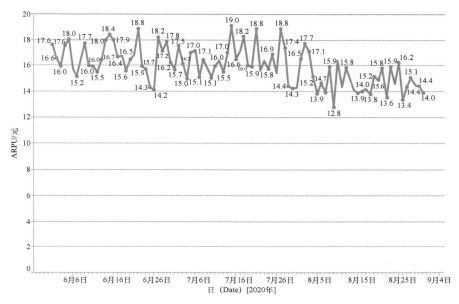

图 6-32　Panda 公司的 ARPU 趋势

因为 GMV=ARPU×DAU= ARPPU× 转化率 ×DAU

所以 ARPU=ARPPU× 转化率

因此 ARPU 下降，要么是转化率在下降，要么是 ARPPU 在下降，或者二者影响皆有。

通过观察发现，ARPPU 在 2020 年 8 月 5 日之后有所下降，而转化率在 2020 年 8 月 5 日之后有所上涨，只不过 ARPPU 下降的幅度相对转化率上涨的幅度更大一些，如图 6-33 和图 6-34 所示。

8 月 5 日前后，ARPPU 的均值从 216.91 元下降到 177.03 元（见图 6-35），降幅达到 18.4%。数据分析师贾森回想起来原来产品经理挪亚在 8 月 5 日这一天发起了一次大规模的促销活动，针对平台上的大部分品类的商品发放了八折优惠券。因此，ARPPU 的下降是发放优惠券引起的。

而与此同时，尽管给用户发放了优惠券，但是实际上并未给公司带来足够的转化率提升，这才导致整体的 ARPU 下降。促销后转化率从促销前的 7.6% 上升到 8.2%，相对升幅仅仅为 7.9%，远低于促销花费的营销成本，如图 6-36 所示。

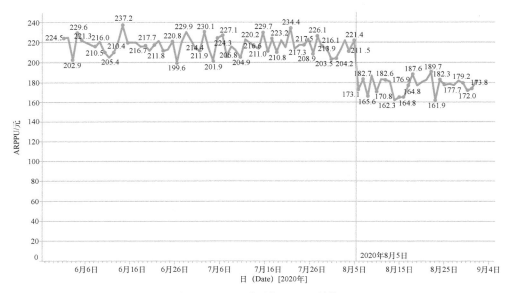

图 6-33　Panda 公司的 ARPPU 趋势

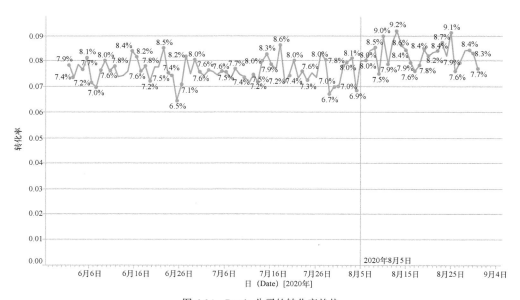

图 6-34　Panda 公司的转化率趋势

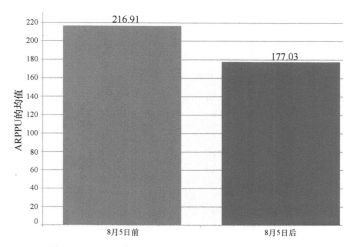

图 6-35 Panda 公司 ARPPU 在 8 月 5 日前后的均值比较

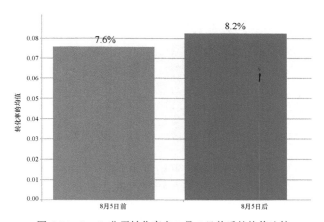

图 6-36 Panda 公司转化率在 8 月 5 日前后的均值比较

因此，在第一层拆解中，数据分析师贾森得到了这样的结论：ARPU 的下降主要是促销活动让利（导致 ARPPU 下降和转化率升幅相对较低）引起的。

但是贾森认为分析到这里还不够，他还想继续探究是哪些用户对营销活动缺乏感知造成了转化率升幅较低。于是他进行了第二层拆解。

在第二层拆解中，贾森基于对业务的认识和理解选择了两个细分维度，一个是新、旧用户维度，另一个是手机系统维度（Android、iOS）。新用户就是当日注册并登录的用户，旧用户就是注册天数大于 1 的用户。贾森基于这两个维度，分别分析了 Android 新用户、Android 旧用户、iOS 新用户、iOS 旧用户的 ARPPU 和转化率数据。拆分用户类型（新、旧用户）及手机系统（Android、iOS）并分析转化

119

率，如图 6-37 所示。

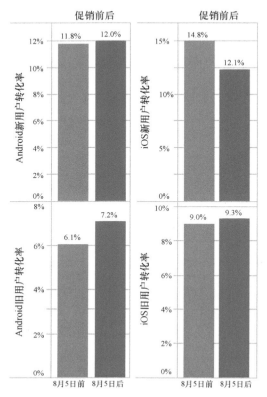

图 6-37 拆分用户类型（新、旧用户）及手机系统（Android、iOS）
两个维度分析转化率

他发现，对于 Android 用户来讲，旧用户转化率从 6.1% 提升到 7.2%，而新用户仅仅从 11.8% 提升到 12%，基本没有变化。经过进一步探究，Android 新用户的用券率很低。因为许多 Android 新用户用券时价格折扣并未生效，所以很多新用户在生成订单环节弃买。贾森将这一现象反馈给产品经理，让其与开发工程师一起排查是否存在 bug。

对于 iOS 用户来说，旧用户的转化率提升不明显，仅仅从 9.0% 提升到 9.3%，排查后无 bug 因素的影响，因此认为 iOS 旧用户对于当前的优惠券形式不敏感；新用户的转化率反而有所下降，经排查是 iOS 新用户在用券支付时调取支付接口失败率大幅提升导致的。

在完成第二层拆解之后，事情变得更加清晰了。于是贾森梳理了分析结论，并且给出了一些建议，还绘制了一张结论图，如图 6-38 所示。

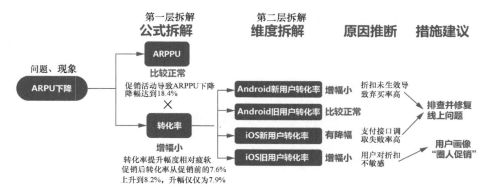

图 6-38　问题拆解示意

如图 6-38 所示，贾森认为，Android 新用户和 iOS 新用户转化率异常问题很可能是线上问题所引起的，因此需要产品经理和开发工程师一起排查，定位问题之后进行修复。另外，针对 iOS 旧用户转化率提升不明显的问题，贾森认为可以通过用户画像圈定营销敏感人群再进行差异化营销，来提高营销活动的 ROI。

产品经理挪亚对于贾森给出的结论非常认同，并且迅速着手进行针对营销活动的改进和对线上问题的修复。

6.4.4　魔法数字

1．魔法数字简介

魔法数字是增长黑客领域的一个重要方法，广泛应用在提升留存率及复购率等方面。任何 APP 都是"生于拉新，死于留存"的。如果留存率低，用户就会不断流失，APP 的规模就难以扩大。而魔法数字就是用来帮助我们找到影响留存率的关键行为的一种方法。

其具体做法是分析用户行为和企业想要提升的目标（如留存率或者复购率）的关系，找到目标实现路径上的关键行为（这种关键行为的量化就是魔法数字），并且引导用户完成该行为以达成企业目标。

我们可以先看以下案例。

Meta 的数据分析师发现，如果新用户 10 天内加 7 个好友，就能让用户留下来继续关注和互动。

Dropbox 的数据分析师发现，新用户只要使用一次文件夹功能，用户的忠诚度就会提升。

Twitter 的数据分析师发现，如果新用户在 30 天内加 30 个好友，就很容易在平台上继续活跃。

LinkedIn 的数据分析师发现，如果新用户在 7 天内添加 5 个联系人，用户的留存率和使用率会提升 3.5 倍。

可以看到，在这些案例里面，魔法数字能够使我们的用户更加具有黏性，忠诚度更高。

2. 魔法数字是条件概率的参数

要找到魔法数字，我们就要先理解魔法数字。

魔法数字如果用概率的语言来描述，就是条件概率的参数。

例如，我们从概率的角度来理解这样一个魔法数字："Facebook 的数据分析师发现，如果新用户 10 天内加 7 个好友，就能让用户留下来继续关注和互动。"

如果我们以新用户未来 90 日内留存作为目标，将新用户过去 10 日内加好友数 n 作为我们要找的魔法数字产生的候选集，那么我们要求的魔法数字条件概率就是

$$P(未来90日内留存|新用户过去10日内加好友数 \geq 7)$$

这个条件概率具体表现为在"新用户过去 10 日内加好友数≥7"这样一个条件下，未来 90 日内留存的概率非常大。如果这个概率大于某个阈值（例如，大于80%），那么我们就说这个魔法数字成立。上面公式中的 7，就是魔法数字。

$$P\left(未来90日内留存|新用户过去10日内加好友数 \geq 7\right)$$

$$= \frac{P\left(新用户过去10日内加好友数 \geq 7|未来90日留存\right)P\left(未来90日留存\right)}{P(新用户过去10日内加好友数 \geq 7)}$$

$P\left(未来90日内留存\right)$ 是我们容易获取的先验概率。

搜集数据之后，我们可以绘制图 6-39 所示的曲线。此图的纵轴是 $P(未来90日内留存|新用户过去 10 日内加好友数 \geq x)$ 这个条件概率；横轴表示新用户过去 10 日内加的好友数。

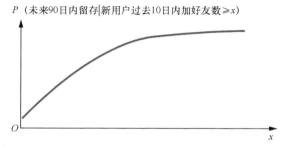

P（未来90日内留存|新用户过去10日内加好友数≥x）

图 6-39 注册前 10 天加好友数量与长期留存的关系曲线

我们会发现，在加好友较少的场景下，随着 x 的增加，条件概率 P(未来 90 日留存|新用户过去 10 日内加好友数 $\geq x$)会迅速增加。但是增加到一定水平之后，随着 x 的增加，该条件概率提升的幅度就比较缓慢。该条件概率呈现一种边际递减的规律。这也比较容易理解。开始注册时，用户没有好友，觉得不好玩，所以容易流失。但是随着好友的增加，社交平台的吸引力和互动性都会提升，用户留存率会大幅提升。但是提升到一定程度之后，留存率已经很高了，新用户成为忠诚的旧用户，此时留存率虽不会下降，但也很难再大幅度提升了。

我们需要找的魔法数字，实际上就是图 6-41 中曲线的拐点。也就是说，在这个拐点的左边，随着 x 的增加，留存率会较快提升；在这个拐点的右边，留存率已经处于较高水平，随着 x 的增加，留存率的增幅会较小，留存率曲线会比较平坦。$x = 7$ 似乎是一个分界点。$x \geq 7$ 后条件概率的提高趋势在放缓，我们就认为这个拐点是 7（见图 6-40）。

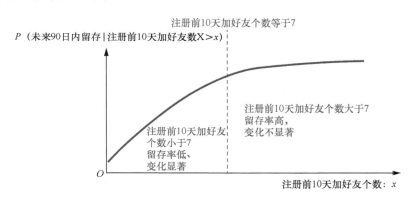

图 6-40　通过寻找拐点确定魔法数字

3．如何确定魔法数字

我们应该如何确定魔法数字呢？一般有 3 个步骤，如图 6-41 所示。

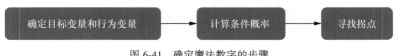

图 6-41　确定魔法数字的步骤

第 1 步，确定目标变量和行为变量。

所谓目标变量，就是我们需要提升的变量，例如，上文所说的留存率，还可以是复购率等。

行为变量就是影响目标变量的变量，代表用户的某种关键行为，例如，上文所说的新用户过去 10 日内加好友的行为。我们可以用相关系数来选取行为变量的候选集，也可以基于我们对业务和用户行为的注解来选取候选集。一般来讲，与目标变量之间存在强烈的同向变动或者此消彼长关系的变量，就是我们需要选择的行为变量。但此种方法仍有局限性，因为相关不等于因果。

第2步，计算条件概率。

确定魔法数字比较关键的一步就是计算条件概率。

我们通过以下案例来介绍如何计算条件概率。

【案例6-15】　魔法数字中条件概率的计算

假定我们获知了某 APP 新用户未来 90 日内是否留存与其过去 10 日内加好友数有较强的同向变动关系，那么我们需要构建的是以下条件概率：

$$P(未来90日内留存 | 新用户过去10日内加好友数 \geqslant n)$$

我们的原始数据是一张二维表，如图 6-42 所示。我们要根据这张表计算条件概率。这张表有 3 列：第 1 列是新用户过去 10 日内加的好友数；第 2 列是不同的新用户过去 10 日内加的好友数对应的用户人数；第 3 列是这些用户中 90 日内留存的人数。

新用户过去10日内加的好友数	人数	90日内留存人数
1	1800	6
2	1080	26
3	648	214
4	389	253
5	233	165
6	140	104
7	84	68
8	50	42
9	30	26
10	18	16
11	11	9
12	7	6
13	4	3
14	3	2
15	2	2
16	1	0
17	1	0
18	1	1
>18	77	74
综合	4579	1017

图 6-42　虚拟数据

我们在这张表的基础上，可以通过计算得到另一张表，如图 6-43 所示。

新用户过去10日内加的好友数	人数	90日内留存人数	新用户过去10日内加的好友数大于n的人数	新用户过去10日内加的好友数大于n的人数中90日内留存人数	新用户过去10日内加的好友数大于n的人数中90日内留存率
1	1800	6	2779	1011	36.4%
2	1080	26	1699	985	58.0%
3	648	214	1051	771	73.4%
4	389	253	662	518	78.2%
5	233	165	429	353	82.3%
6	140	104	289	249	86.2%
7	84	68	205	181	88.3%
8	50	42	155	139	89.7%
9	30	26	124	113	91.1%
10	18	16	106	97	91.5%
11	11	9	95	88	92.6%
12	7	6	89	82	92.1%
13	4	3	85	79	92.9%
14	3	2	82	77	93.9%
15	2	2	80	75	93.8%
16	1	0	79	75	94.9%
17	1	0	78	75	96.2%
18	1	1	77	74	96.1%
>18	77	74			
综合	4579	1017			

图 6-43　根据虚拟数据加工得出的条件概率

其中第 4 列中每一行的人数是将第 2 列中当前行以后的行求和得到的数据。举例说明，第 4 列中第 1 行是 2779，实际上是第 2 列中新用户过去 10 日内加的好友数大于或等于 2 对应的所有数据的和，代表所有用户中新用户过去 10 日内加的好友数大于 1 的人数。这个数字也等于总人数 4579 减去新用户过去 10 日内加的好友数为 1 的人数 1800。

类似地，第 5 列中每一行的人数是对第 3 列中当前行以后的行求和得到的数据。

第 6 列中每一行的值等于第 5 列中对应行的人数除以第 4 列对应行的人数。第 6 列就是我们需要求的条件概率：

$$P(未来90日内留存 \mid 新用户过去10日内加的好友数 \geqslant n)$$

第 3 步，寻找拐点。

我们将第 2 步计算出来的条件概率绘制成条件概率图（见图 6-44），再看条件概率是从哪个点附近开始变得平缓的就可以了。该点所对应的行为数字就是魔法数字。我们可以看到，这个案例中，在 x 轴上新用户过去 10 日内加的好友数大于 7 之后，y 轴的条件概率随着 x 的增大变化趋于稳定，所以"新注册 10 天内加的好友数大于 7"就是条件概率。

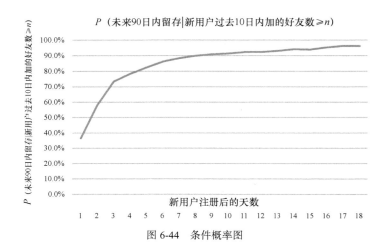

图 6-44 条件概率图

第7章 A/B 测试——提高销售转化率

在互联网行业中，A/B 测试是一种产品优化与迭代工具。它起源于传统医学领域的随机对照双盲实验，依托科学的反证法思想和假设检验理论，体现了产品迭代与"小步快跑"的精益精神。A/B 测试是互联网企业产品实践和优化的"利剑"。

数据分析师是这柄利剑的使用者。数据分析师有义务在企业中推动营造依靠 A/B 测试的企业文化，并且要参与设计实验、推动实验和解读实验。

7.1 A/B 测试简介

7.1.1 A/B 测试的概念以及应用场景

A/B 测试是为了验证一个新的产品交互设计、产品功能点或者策略的效果，在同一时间段，向两组在统计学意义上特征一致的用户（一般叫作对照组和实验组）分别展示优化前（对照组）/优化后（实验组）的产品交互设计、产品功能点或策略，并通过数据分析，判断优化前后的产品交互设计、产品功能点或者策略在一个或者多个评估指标上是否符合预期的一种实验方法。

例如，如果我们正在优化一款 APP 的注册按钮，这个注册按钮原先是蓝色的，当前需要验证一个将其改动为红色的 UI 优化方案是否有效，我们就可以进行一次 A/B 测试。我们可以通过后台设置，让一部分用户看到新的红色按钮，另一部分用户看到原有的蓝色按钮。看到红色按钮的这一部分用户称为实验组，看到原先蓝色按钮的用户称为对照组。经过实验我们发现，实验组用户的转化率为 34%，而对照组用户的转化率仅为 12%。这说明红色按钮的新方案确实更能够促进用户的注册欲望，我们就将这种方案改动上线。这就是一个简单的 A/B 测试的场景。图 7-1 展示了通过 A/B 测试助力产品迭代的原理。

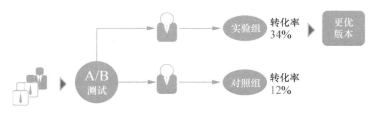

图 7-1 通过 A/B 测试助力产品迭代的原理

A/B 测试目前在互联网企业中广泛应用。这种方法具体可以应用于哪些场景呢？其中包括文案测试、设计元素测试和营销策略测试等。

在简单场景中，A/B 测试可以帮我们验证提升单点转化率的产品迭代和策略效果。

在多种备选的广告文案中，A/B 测试可以帮助我们验证哪一个文案更能够促使用户单击并下载。

【案例7-1】 文案的点击率提升近4倍

硅谷的一家公司的创始人杰·帕玛针对用于触发访客行为的立即试用链接文案进行 A/B 测试。基于测试结果，他将文案从"免费开始"改成"免费试用"，这一简单改动使其链接点击率在10天内提升了近4倍。

版面布局孰优孰劣，乃至版面中某元素（如按钮）的颜色或者放置位置如何设计会更吸引用户，都可以通过 A/B 测试获得答案。

【案例7-2】 A/B测试助力页面改版

一家从事化妆品营销的电商公司一直积极利用A/B测试来提高转化率。他们针对页面发起了改版行动，在整个改版过程中测试了3种页面设计方案，主要用来测试不同的页面布局对转化率的影响。他们通过实验发现，将教授化妆技巧和试用化妆品过程的视频放在网页版面的上半部分会大大提高转化率。最终胜出的页面设计方案使得该公司转化率提升11%。

不同的营销策略中，哪一种最能打动用户？A/B 测试能够帮助运营人员甄别方案，完美回答这类问题。例如，假设分别给用户一张 20 元的优惠券和 4 张 5 元的优惠券，哪种方案能够获取更高的用户价值？

A/B 测试能够覆盖的复杂场景包括但不限于新功能或版本上线所需要进行的验证，以及复杂功能和算法的验证等。

7.1.2　A/B 测试的起源

1．A/B 测试起源于随机对照双盲实验

虽然 A/B 测试目前在互联网行业中被广泛应用，但它是 21 世纪初才被谷歌公司首次引入的。A/B 测试起源于医学领域的随机对照双盲实验。

在随机对照双盲实验出现以前，医学上对于某一种药物或者疗法的疗效的验证方式并不科学，仅仅通过前后对比的方式验证某种药物或者疗法的疗效。例如，对某患者施以某种药物后，如果他的病情缓解了，大家就认为这种药物是有效的。但是这种验证方式极不科学，因为患者身体康复受到许多非药物或疗法因素的干扰。这些因素既有内部的也有外部的。外部的因素包括气候、环境等，内部的因素包括"安慰剂"效应（患者服药之后会产生积极心态促使患者康复）和患者自身身体素质较好等。

在 20 世纪，随机对照双盲实验被引入药物和疗法的疗效验证过程中。国际上第一个随机对照双盲实验是 1948 年由英国医学研究会组织实施的，它验证了链霉素治疗肺结核的疗效。这种实验方式能够减少实验过程中与实验干预措施无关的各种干扰因素的影响，提高统计学检验的有效性，被视为评价干预措施的"黄金标准"。

随机对照双盲实验的基本操作方法是将用户在其不知情的情况下随机地分配在实验组和对照组中，对实验组的用户实施干预措施，对对照组的用户不实施干预措施（但可以给其安慰剂来减少心理因素在两组用户之间造成的差异），最终通过统计方法判断药物是否有效。

随机对照双盲实验的要点有 3 个。

- **随机性**：将每个受试对象以相同的概率分配到预先设定的几个处理组中。这可以保证各处理组的受试对象在各种已知的或未知的特征方面相同或相近，即保证非处理因素均衡一致。违背随机性原则，会人为地夸大或缩小组间的差别，在试验结果中产生偏差，这是用统计方法不能弥补的，得出的结论也会出现偏差。

- **对照**：对受试对象不施加处理因素的状态。对照实验不同于其他的实验方式（如前后对比）。对照需要保证对照组的用户在各项特征分布上与实验组一致，从而排除人群特征不一致造成的干扰。

- **双盲**：实验中受试对象、研究者均不知道分配方案。这既能避免受试者的安慰剂效应，也能避免研究者的偏爱及对实验的人为干预。

2．A/B 测试在互联网领域的应用

2000 年，谷歌公司做了互联网领域或者科技领域的第一个 A/B 测试。这个实验是为了验证什么而执行的呢？人们在使用谷歌这种搜索引擎时，输入一个关键词，谷歌便会返回一个搜索答案列表，每页列表中会显示若干项搜索结果。谷歌公司的第一个 A/B 测试实验用于验证人们搜索关键词之后答案列表每页返回多少项结果比较好（例如，是 5 项好还是 10 项好）。

A/B 测试被引入互联网行业之后，仍然继承了随机对照双盲实验对随机性、对照和双盲的要求。互联网企业构建了一系列实验管理系统来实现双盲和对照，并且设计了精巧的"正交"和"互斥"的分流方案以保证随机性。

2011 年，谷歌公司全年做了 7000 余个 A/B 测试来优化产品和功能。而到了 2019 年，谷歌公司每年在线上运行的实验量达到了约 10 万。无独有偶，亚马逊、Meta（原 Facebook）等互联网企业都逐渐在日常产品迭代和优化的过程中使用 A/B 测试这种工具。从 21 世纪初谷歌公司将 A/B 测试引入互联网行业起，在西方国家的互联网企业中，A/B 测试的方法和理念已"遍地开花"。

随着"大数据时代"的到来以及人们对数据决策的关注度提升，国内各大互联网企业越来越依赖通过 A/B 测试进行产品迭代和优化。根据 36Kr 的一篇报道，头条发布一个新 APP，其名字都必须打很多个包并放到各大应用市场进行多次 A/B 测试才能决定，字节跳动公司的 CEO 告诉同事，哪怕你有 99.9% 的把握认为那是最好的一个名字，测一下又有什么关系呢？

图 7-2 展示了 A/B 测试的起源及为什么说 A/B 测试是一种更好的迭代工具。

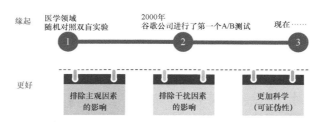

图 7-2　A/B 测试的起源及为什么说 A/B 测试是一种更好的迭代工具

A/B 测试源于随机对照双盲实验，最终在互联网企业中流行起来。其相对传统的用简单对比来验证方案效果的思路，有如下明显的优势。

- A/B 测试可以排除主观因素的影响。双盲与对照可以帮助我们排除包括安慰剂效应和实验组、对照组本身特征差异在内等因素的影响。

- A/B 测试可以排除干扰因素的影响。随机性和对照会尽力保证实验组用户和对照组用户面临的外部条件一致，从而减小偏差。例如，对于在线旅游预订类 APP（如携程 APP 等）来讲，业务量和用户结构的变化与节假日因素息息相关。此时，如果直接对比上线前一定周期内的产品表现和上线后一定周期内的产品表现，则容易造成结果的误差。

- A/B 测试通过假设检验来考查结果，体现了科学的可证伪性。

7.2 A/B 测试的统计理论基础——假设检验

A/B 测试的统计理论基础是假设检验。假设检验是统计推断中的重要方法，其基本思路是"先假设，再检验"：事先对总体参数或总体分布形式做出一个假设，然后利用样本信息来判断假设是否合理。换句话说，假设检验会判断样本信息与原假设是否有显著差异，从而决定应接受还是否定原假设。

假设检验相关的理论应用在 A/B 测试的流程中的实验设计（如样本量的确定）和实验结果解读两个大的环节中。

7.2.1 从"女士品茶"理解假设检验的定义

要理解假设检验，我们从一个小故事开始。

【小故事】女士品茶

在 20 世纪 20 年代末的英国伦敦，某一个午后，一些剑桥大学的教员和他们的家属在一家咖啡厅围桌而坐享用下午茶。席间一位女士说："制作奶茶的时候，先放奶会比先放茶更加好喝。"语毕，在场的其他人认为这是无稽之谈，先放奶还是先放茶对奶茶味道根本不会有什么影响！但是这位女士十分坚持。此时一位身材黑瘦、留着小胡子的教授略作沉吟，便说："我们可以设计一个实验来验证这位女士所说是否正确。"

此时这个教授便叫来服务员，让他去做 8 杯奶茶，嘱咐他其中 4 杯按照先放奶的工艺去做，另外 4 杯按照先放茶的工艺去做，做好以后打乱顺序，再拿过来让先前那位女士分辨。

那位女士拿到端上来的 8 杯奶茶之后，一一品尝，便准确地分辨出来哪 4 杯是按照先放奶的工艺制作出来的。此时大家便都心悦诚服地认可这位女士先前说的话。

那位设计出实验的教授名字叫费希尔（Fisher），是现代统计科学的奠基人之一。几年以后（1935 年），他写了一本名为《实验设计》的书，该书的第 2 章描述了那个午后的"女士品茶"的实验。费希尔在书中以那位女士和她的观点作为假设问题进行了讨论。他回忆他当时考虑了各种实验设计的方式来确定该女士是否能够准确判断（而不是随机猜测）。

费希尔认为，设计实验需要考虑两个方面的问题。一方面，要尽量排除该女士偶然蒙对的情况对实验结果的影响。如果给那位女士一杯茶，即使她当时无法准确判断而乱猜，她仍然有 50% 的概率猜测正确。另一方面，要尽量排除那位女士偶然失误对实验结果的影响。即使那位女士确实有能力明确判断两种茶的差异，她仍然有可能犯错误，例如，某杯茶可能混合得不够好，或者混合的时候温度不够等造成其味道有变化。这两方面的问题对应后文提到的两类统计错误。

最终，费希尔设计了这样一种实验方案。

第 1 步，做出假设。费希尔先假设该女士无法明确判断两种茶的差异。待之后找到证据再去证明或证伪这个假设。

第 2 步，验证实验。费希尔让侍者制作出 8 杯奶茶，并且打乱顺序，让该女士去品尝。实际的结果是该女士一次就全部找出了 4 杯先放奶的奶茶。

第 3 步，计算概率。根据实验的结果，该女士从 8 杯奶茶中挑选出 4 杯奶茶的事件组合有 C_8^4 种。而如果随机猜测，该女士一次性从 8 杯奶茶中将 4 杯先放奶的奶茶准确找出来的概率仅有 $1/C_8^4 = 1.4\%$，不足 2%。换句话说，该女士通过乱猜一次性全部找出 4 杯奶茶的概率只有 2%，这是小概率事件。所以我们几乎可以很肯定地排除该女士是乱猜的这种情况。

而这个实验方案的流程也成为假设检验步骤的雏形。

这个故事可以反映出假设检验这种统计方法的两个要点。

- 假设检验就是"先假设，再检验"。

- 假设检验所采用的逻辑推理方法是"带有概率性质的反证法"。假设检验存在一个背景假设，那就是假定小概率事件不可能发生。例如，这个故事当中该女士仅仅凭借乱猜能全部答对的概率不足 2%，我们就可以推翻"女士是乱猜的，她不能判断两种奶茶之间的差异"这样一个假设。

7.2.2 假设检验的步骤

假设检验实际上就是"先假设，再检验"。

提出假设即提出原假设和备择假设。

所谓原假设（我们一般用 H_0 表示），通常是研究者想收集证据予以反对的假设，也称为零假设。

所谓备择假设（我们一般用 H_1 表示），通常是研究者想收集证据予以支持的假设，也称为研究假设。

前面的案例中提到了假设检验实际上是一种反证法，是为了证伪原假设。或者说假设检验的目标就是拒绝原假设。

我们应该如何理解"证伪"呢？卡尔·波普尔（Karl Popper）认为："科学与非科学的区别在于经验上的可证伪性。"如果你既没有办法通过科学实验或者观察来证明某件事情是正确的，也没有办法证伪它，即证明这件事情是错误的。

假设检验是基于反证法逻辑的。我们将统计决策（是否拒绝原假设）与实际情况（原假设）两个维度结合起来，则可产生 4 种结果。

两种统计决策及两类错误如表 7-1 所示。

表7-1 两种统计决策及两类错误

统计决策	实际情况	
	H_0为真	H_0为假
不拒绝 H_0	$1-\alpha$	第二类错误（β）
拒绝 H_0	第一类错误（α）	$1-\beta$

在这样一种基于反证法逻辑的检验流程下，我们基于统计结果做出的决策可能会犯两类错误。

第一类错误是弃真错误，即原假设为真，但样本的随机性使样本统计量落入了拒绝区域。

如果原假设为真，我们将其拒绝，我们就犯了第一类错误。这里我们要引出显著性水平（significance level）的概念。显著性水平一般用 α 表示，就是我们可以接受的犯第一类错误的概率。从反证法视角来说，它就是我们能承担的犯第一类错误的风险（概率）。当我们的统计结果显示犯第一类错误的概率非常小的时候，我们就可以大胆地拒绝原假设（因为假设检验会假定小概率事件不可能发生）。如果统计结果显示我们犯第一类错误的概率不小，我们就不能拒绝原假设。

如果当原假设为真时，我们没有拒绝原假设，我们就做出了正确的决策，其概率为 $1-\alpha$。

前面提到，假设检验实际上是基于"小概率事件不可能发生"这样一个假设的。那么，事件发生的概率多大可以算小概率呢？统计学上，一般认为小于或等于 5% 的概率为小概率。

第二类错误是存伪错误，即原假设为假，但样本的随机性使样本统计量落入了接受区域。

如果当原假设为假时，我们没有拒绝原假设，我们犯了第二类错误，其概率用 β 表示；如果当原假设为假时，我们拒绝了原假设，我们判断正确，其概率为 $1-\beta$。$1-\beta$ 又称为统计功效（statistical power）。

在提出假设之后，我们应该构建一套科学、合理的检验方式对假设进行验证。这个验证过程具体可以概括为计算检验统计量，获得 p 值，得出结论。接下来，详细介绍这一过程。

我们做假设检验，通常需要借助样本统计量进行统计推断，而不能仅仅通过比较实验组和对照组之间的指标均值差异得出实验组是否优于对照组的结论，因为数据指标的随机波动时常会使得我们对实验结果的解读产生误差。

此时我们需要构建检验统计量。在比较实验组和对照组均值差异的同时，考虑数据指标波动造成的干扰。检验统计量是用于判断实验结果是否显著为一个小概率事件的统计量。在零假设情况下，检验统计量服从一个给定的概率分布。

例如，我们要验证两组数据的表现（均值）是否有差异，用数学方式表达就需要我们判断 $\overline{X_1} = \overline{X_2}$ 是否正确。这个判断就等价于判断 $\overline{X_1} - \overline{X_2}$ 是否等于 0。我们一般会先构建原假设 H_0：$\overline{X_1} = \overline{X_2}$ 或者 H_0：$\overline{X_1} - \overline{X_2} = 0$。在验证过程中，两组数据的差值 $\overline{X_1} - \overline{X_2}$ 是一组波动的连续数值，用变量 Z 表示这个差值，即 $Z = \overline{X_1} - \overline{X_2}$。因为原假设是 H_0：$\overline{X_1} - \overline{X_2} = 0$，假设变量 Z 服从一个以 0 为均值的概率分布，这个概率分布的标准差由两组数据的标准差共同决定，如图 7-3 所示。

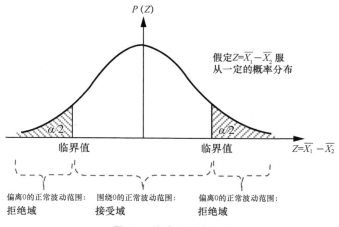

图 7-3 接受域与拒绝域

在这个分布图中，横轴表示 Z 的不同值，纵轴表示对应取值的概率。如果 Z 的值在两个临界值范围内，我们就认为 Z 是在 0 附近正常幅度内上下波动的，接受原假设。如果 Z 的值离 0 太远（例如，落在了阴影范围内），我们就认为 Z 是偏离 0 的，拒绝原假设。

我们将接受原假设的区域称为接受域，将拒绝原假设的区域称为拒绝域。

拒绝域和接受域的临界值如何判定呢？上文提到，如果我们拒绝原假设，是有可能犯第一类错误的。我们希望犯第一类错误的概率比较小。实际变量 Z 的值落在拒绝域中的概率就应该是我们可以接受的犯第一类错误的概率，也就是显著性水平。我们只需要通过查找 Z 对应的概率小于显著性水平的 Z 值即可。这个对应的值就是临界值。

为什么两组数据的差值落在拒绝域的时候，我们可以拒绝原假设呢？对于概率分布图而言，拒绝域阴影部分的面积占曲线包络面积的比例就是数据取值取到拒绝域的概率。图 7-3 中两个阴影面积之和正好等于显著性水平。如果落在拒绝域内，说明我们犯第一类错误的概率小于或等于显著性水平，可以拒绝原假设。

根据原假设和备择假设的内容，在实验中会产生 3 种不同拒绝域，如图 7-4 所示。

表 7-2 展示了 3 种拒绝域对应的显著性水平、原假设和备择假设。

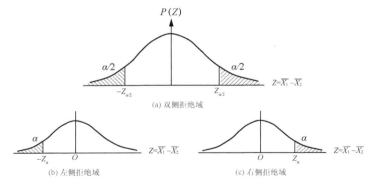

图 7-4　3 种拒绝域

表 7-2　3 种拒绝域对应的显著性水平、原假设和备择假设

拒绝域位置	显著性水平	原假设	备择假设
双侧	$\alpha/2$	$H_0: \overline{X_1} = \overline{X_2}$	$H_1: \overline{X_1} \neq \overline{X_2}$
左侧	α	$H_0: \overline{X_1} \geqslant \overline{X_2}$	$H_1: \overline{X_1} < \overline{X_2}$
右侧	α	$H_0: \overline{X_1} \leqslant \overline{X_2}$	$H_1: \overline{X_1} > \overline{X_2}$

综上所述，构建检验统计量的原理实际是假定实验结果服从一定的概率分布（该概率分布会同时考虑数值水平和随机波动的影响），然后利用分布特征来判断实验结果是否是小概率事件。如果可以根据统计量的分布特征判断当前实验结果是一个小概率事件，我们就可以拒绝原假设。

在假设检验中，常用的统计量分别是 Z 统计量和 t 统计量。

如果我们观测的实验组和对照组的数据指标 X_1 和 X_2 相互独立且分别服从正态分布 $N(\mu_1, \sigma_1^2)$ 和 $N(\mu_2, \sigma_2^2)$，则这两个数据指标的均值的差 $\overline{X_1} - \overline{X_2}$ 服从一个新的正态分布 $N\left(\mu_1 - \mu_2, \dfrac{\sigma_1^2}{n_1} + \dfrac{\sigma_2^2}{n_2}\right)$。

而我们可以基于此构建 Z 统计量：

$$Z = \frac{(\overline{X_1} - \overline{X_2}) - (\mu_1 - \mu_2)}{\sqrt{\dfrac{\sigma_1^2}{n_1} + \dfrac{\sigma_2^2}{n_2}}}$$

我们容易证明 Z 统计量服从标准正态分布（指均值为 0、标准差为 1 的正态分布）。第 6 章介绍过正态分布和西格玛法则。如果一个指标服从正态分布，某一个具体数值离均值越远，它出现的概率越小。如果该统计量计算出来的数值越偏离均值 0，它出现的概率就越小。我们就可以认为统计量出现这样的数值是一个小概率事件，也就可以拒绝原假设。

我们通过观察 Z 统计量的公式不难发现，该公式的分子实际上是与指标水平相关的均值，分母是与指标波动相关的标准差。从这个意义理解，Z 统计量实际上在比较均值的时候，剔除了随机波动的影响，让比较更科学、更有意义。

一般在实验周期较长或者样本量较大的时候，我们可以近似认为需要比较的变量服从正态分布。在这种场景下，我们可以构建 Z 统计量并进行假设检验。

t 统计量是用于执行 t 检验的统计量。t 检验亦称学生 t 检验（student's t test），主要用于样本含量较小（如 $n < 30$）、总体标准差未知的场景。在大部分时候，由于用户流量不足或者产品迭代节奏较快，我们不可能用充足的样本量和实验期数观察数据。此时，我们就不能使用 Z 统计量和 Z 检验，而要使用 t 统计量和 t 检验。

从计算方式来讲，双样本 t 统计量[①]和 Z 统计量比较相似：

$$t = \frac{(\overline{X_1} - \overline{X_2}) - (\mu_1 - \mu_2)}{\sqrt{\frac{s_1^2}{n_1} + \frac{s_2^2}{n_2}}}$$

该统计量服从 t 分布，我们后续可以根据自由度和分布获得 t 统计量数值对应的概率。

同样地，t 统计量公式的分子实际上是与指标水平相关的均值，分母是与指标波动相关的标准差。只不过由于 t 分布是在样本量较小的情况下使用的，因此我们用抽样标准差代替 Z 统计量公式中的总体标准差。

给定显著性水平和检验统计量的分布之后，我们就可以通过查表确定检验统计量临界值。一旦根据实际数据计算出的检验统计量大于临界值，我们就可以认为根据数据所展示出的信息接受原假设的可能性较小，即我们可以拒绝原假设。

为方便起见，我们还可以引入 p 值的概念，通过比较 p 值和显著性水平，得出结论。

假设检验涉及一个值——p 值。我们经常会根据 p 值判断是否能拒绝原假设，实验组和对照组之间是否有显著差异。

[①] 下面的公式是方差未知且方差不同的条件下的公式。双样本的 t 统计量还有方差未知且方差相等的场景。大部分时候，我们用上述公式计算双样本异方差 t 统计量，只有明确证明实验的两个指标方差相等的情况下我们才使用双样本等方差 t 统计量。

如果我们计算出来的检验统计量显示，犯第一类错误的概率小于显著性水平（通常是 5%），我们就可以大胆地拒绝原假设；如果我们计算出来的检验统计量显示，犯第一类错误的概率大于 5%，由于犯第一类错误的风险过大，因此我们不能拒绝原假设。

我们将实际数据犯第一类错误的概率称为 p 值。

p 值（或者说观测的显著水平）即在原假设为真的前提下，检验统计量大于或等于实际观测值的概率。

如果 p 值小于显著性水平，说明在当前数据表现下原假设为真的概率很小，而如果该情况出现了，根据小概率原理，我们就有理由拒绝原假设，p 值越小，我们拒绝原假设的理由越充分。总之，p 值越小，表明结果越显著。

p 值如何得出呢？p 值通过检验统计量计算得出。

我们不妨来看一个案例。

【案例7-3】　某APP直播频道UI实验

某社交 APP 希望增加直播频道的点击转化率，于是产品经理挪亚设计了这样的产品方案：在直播频道的选项卡上增加红点提示，希望吸引用户更多的注意。

产品经理挪亚和数据分析师雅各布开始设计实验：将 A 组用户设置为对照组，B 组用户设置为实验组。实验进行时会让实验组用户在直播频道的选项卡上看到红点，对照组用户则看不到红点。实验预期实验组用户（能看到红点）的直播频道点击转化率会高于对照组用户的。实验进行了 5 天，A 组与 B 组的点击转化率如图 7-5 所示。

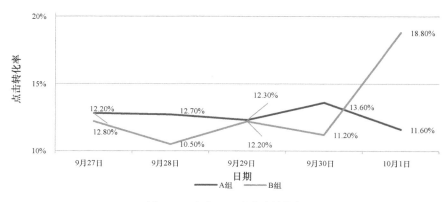

图 7-5　A 组与 B 组的点击转化率

　　产品经理挪亚认为，实验组的直播频道点击转化率均值为14%，对照组的直播频道点击转化率均值为12.4%，实验组的点击转化率比对照组的点击转化率高1.6%，因此可以放心大胆地下结论：有红点会提升用户的点击转化率。

　　此时数据分析师雅各布表示反对，他指出，实验执行过程的5天中有4天（从9月27日到9月30日）实验组的点击转化率是低于对照组的，仅仅10月1日这一天实验组点击转化率陡升，这拉高了实验组整体的点击转化率。当前实验组点击转化率均值较高的现象是数据的偶然波动引起的。雅各布说：“我们如果仅仅根据均值做出判断，那么未免太过武断了！”

　　听完雅各布的意见之后，挪亚表示认同，并且希望雅各布能够帮助他以数据分析师的专业角度，得出更科学的实验结论。

　　于是雅各布借助检验统计量去比较两组的点击转化率。他之前就注意到，造成实验组比对照组点击转化率的均值高的原因主要是10月1日那一天的点击转化率异常波动。检验统计量会将偶然波动的因素考虑到。

　　雅各布首先构建如下假设。

　　H_0：A组、B组在直播频道点击转化率上没有本质差异。

　　H_1：A组、B组在直播频道点击转化率上确实存在差异。

　　将这个假设转化为如下数学语言。

　　假设A组的点击转化率X_1服从正态分布$N(\mu_1, \sigma_1^2)$，B组的点击转化率X_2服从正态分布$N(\mu_2, \sigma_2^2)$，μ_1和μ_2分别代表X_1与X_2这两组点击转化率的均值，σ_1^2和σ_2^2分别代表这两组点击转化率的样本方差，也就是波动水平。

　　那么我们构建的假设如下。

　　H_0：$\overline{X_1} = \overline{X_2} = \mu$。

　　H_1：$\overline{X_1} \neq \overline{X_2}$。

　　要验证$\overline{X_1} = \overline{X_2}$是否正确实际就是要验证$\overline{X_2} - \overline{X_1} = 0$是否正确。

　　此时还需要计算检验统计量，因为实验仅仅进行了5天，所以雅各布选择了t统计量：

$$t = \frac{\overline{X_2} - \overline{X_1}}{\sqrt{\dfrac{s_1^2}{n_1} + \dfrac{s_2^2}{n_2}}} \sim t(\mathrm{df})$$

t 检验的检验统计量为 t 统计量，服从 t 分布。其中 df 是自由度。

我们回到案例中。假设执行显著性水平为 0.05 的双尾 t 检验，雅各布计算出来 t 统计量非常小，而 p 值为 0.835。由于 p 值远大于显著性水平，因此我们不能拒绝原假设。也就是说，我们不能认定 A 组数据和 B 组数据有统计意义上的显著差异。

雅各布将检验结果告诉挪亚，雅各布说："我们不能认为红点方案对于提升直播频道点击转化率有促进作用。"产品经理挪亚认可了这个观点，继续对产品做新的迭代设计。

计算假设检验统计量及 P 值的过程不需要借助专业的数据分析和数据挖掘软件（Python、R、SPSS 等），通过 Excel 就可以完成。

我们结合前面的案例中的数据介绍通过 Excel 做假设检验的流程。我们将数据输入 Excel 中，如图 7-6 所示。

	A	B	C
		A组	B组
9月27日		12.80%	12.20%
9月28日		12.70%	10.50%
9月29日		12.30%	12.20%
9月30日		13.80%	11.20%
10月1日		11.60%	18.80%

图 7-6　将数据输入 Excel 中

首先，在菜单栏中，选择"数据"→"数据分析"选项，进行相关操作，如图 7-7 所示。

图 7-7　选择"数据分析"选项

有些版本的 Excel 的"数据"菜单中可能没有"数据分析"选项。这时需要读者自行添加。添加的流程是选择"文件"→"选项"，弹出"Excel 选项"对话框，如图 7-8 所示。

在该对话框中，在左侧选择"加载项"，在右侧选择"分析工具库"，单击"转到"按钮。在弹出的对话框中，选中"分析工具库"复选框，再单击"确定"按钮，加载"分析工具库"，如图 7-9 所示。

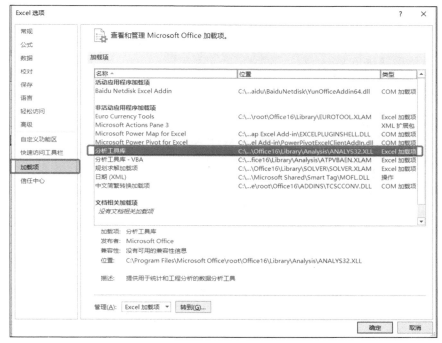

图 7-8 "Excel 选项"对话框

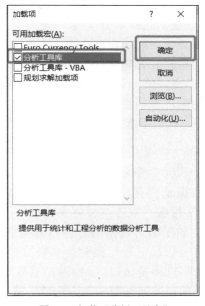

图 7-9 加载"分析工具库"

此时我们在"数据"选项卡中就可以看到"数据分析"按钮了。

对于不同版本的 Excel，上述流程可能略有差异，但是我们在网络上都可以很轻松地搜索到解决方案。

接下来，进行假设检验。

在选择"数据分析"选项之后会出现"数据分析"对话框，如图 7-10 所示，选择"分析工具"列表中的"t-检验：双样本异方差假设"，单击"确定"按钮。

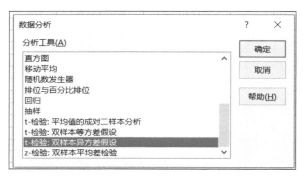

图 7-10 "数据分析"对话框

我们可以在这里选择几种检验方式。

● "t-检验：平均值的成对二样本分析"：一般用来验证成对均值指标是否有差异。成对二样本分析一般用在两个样本不独立的情况下。例如，对于同一个受试样本，用户同时看到两种方案，分别给予反馈。此时该用户对两种方案的反馈是相互影响的、不独立的。而我们的案例是基于 A/B 测试的，也就是两组不同的用户分别看到两种不同的方案，它们之间并不会相互影响。所以在本例中，我们不选择"t-检验：平均值的成对二样本分析"。

● "t-检验：双样本等方差假设"和"t-检验：双样本异方差假设"：相对于成对二样本分析，双样本等方差 t-检验和双样本异方差 t-检验都用来验证两组相互独立的数据是否有显著差异。至于到底选择"t-检验：双样本等方差假设"还是"t-检验：双样本异方差假设"，则需要看两组数据的方差是否有显著差异。如果两组数据的方差没有显著差异，我们可以选择"t-检验：双样本等方差假设"进行检验；如果没有证据证明两组数据的方差没有显著差异，我们则需要选择"t-检验：双样本异方差假设"。我们可以通过观察初步判断两组数据的波动是否一致。在本例中 A 组数据的波动比 B 组数据的波动小，因此我们选择"t-检验：双样本异方差假设"。但是严格来讲，我们可以通过方差齐性检验来检验两组样本方差是否相等。

- "z-检验：双样本平均差检验"：一般来讲，仅当实验期数相当长的时候（例如，实验周期大于 30 天），我们才选择"z-检验：双样本平均差检验"。一般情况下，我们都会在几个 t 检验的选项中进行选择。

接下来，在弹出的对话框中，设置变量 1 和变量 2 的区域，如图 7-11 所示。

图 7-11　设置变量 1 和变量 2 的区域

在"输入"选项组中，完成如下设置。

- 在"变量 1 的区域"文本框和"变量 2 的区域"文本框中，分别输入两列和两行数据单元格的位置。

- 如果检验两组数据总体均值是否相等，则在"假设平均差"文本框中输入 0 或者不输入任何值；如果检验两组数据总体均值的差是否等于某个常数，则在文本框中输入该常数。

- "$\alpha(A)$"一般设置为 0.1、0.05 或 0.01，根据需要填写。

填写好相关内容之后，单击"确定"按钮，在新的数据表中得到检验结果。

最后，解读数据。

我们得到的假设检验结果如图 7-12 所示。变量 1 代表 A 组变量，变量 2 代表 B 组变量。我们可以看到计算出来的检验统计量（t Stat）为−0.22184，非常小。

t-检验: 双样本异方差假设		
	变量 1	变量 2
平均	0.1264	0.1298
方差	6.43E-05	0.00111
观测值	5	5
假设平均差	0	
df	4	
t Stat	−0.22184	
P(T<=t) 单尾	0.417653	
t 单尾临界	2.131847	
P(T<=t) 双尾	0.835305	
t 双尾临界	2.776445	

图 7-12　假设检验结果

因为原假设为两组数据没有显著差异，所以我们关注的指标是"双尾"指标。

如果显著性水平为 0.05，t 分布的临界值是 2.776445，该值远远大于计算出来的检验统计量。

我们发现 p 值为 0.835305，远远超过了 0.05。

所以我们不能拒绝原假设。于是，A 组数据和 B 组数据没有显著差异。

假设检验的要点如下。

- 假设检验的核心思想是小概率事件不可能发生。

- 假设 H_0 为想要证伪的假设，H_1 为想要证明的假设。

- 第一类错误——弃真，第二类错误——存伪。

- 显著性水平：可接受的犯第一类错误的临界值。

- p 值，实际观测数据中犯第一类错误的概率。

7.3　A/B 测试流程和实验

A/B 测试看似简单、易行，能够快速地帮助我们确定合理的产品迭代方向，实则有很多的技巧。如果在 A/B 测试流程中操作不当，则实验结果非常容易对业务产生误导。

7.3.1　A/B 测试的流程和实验指标的指定

图 7-13 展示了 A/B 测试的流程。

图 7-13　A/B 测试的流程

第 1 步是实验指标和假设的确定。这一步实际上是确定实验策略的目标以及要关注的指标。例如，如果我们优化了按钮，希望这能够引导用户购买，那么我们关注的实验指标就是用户转化率，我们的假设就是围绕实验策略能够提高用户转化率而设定的。

第 2 步是实验的设计和进行。实验设计部分包括确定样本量，确定实验方案；实验部分涉及实验的分流和互斥，以保证实验结果的科学性。

第 3 步是实验解读和迭代。解读就是根据前面介绍过的假设检验来解读实验结果。迭代就是在实验出现问题之后，确定优化方案并不断调整，进行下一步实验。

实验指标实际代表实验策略迭代或产品优化的方向和目的。图 7-14 展示了什么是好的实验指标。

图 7-14　什么是好的实验指标

首先，实验关注的指标必须与业务目标一致，并且能体现企业的核心价值。所以在设计实验所需要关注的指标时，我们需要问自己：实验最终目标是什么？我们选取的指标是否能够体现这个最终目标？我们最希望通过实验影响的指标是什么？

然后，指标要能够衡量用户价值。这不仅需要所选取的指标能反映用户行为，还需要保证这个指标不是一个虚荣指标。例如，如果我们针对 APP 两种投放策略做一个 A/B 测试来比较二者之间的好坏，我们需要在"装机量"和"每日注册活跃用户量"两个指标中选取一个作为实验观测指标，每日注册活跃用户量显然是一个更好的指标。装机量并没有完全反映用户行为，是一个虚假的指标（因为很多 APP 是预装的，即使用户从未打开并使用过，也会被计入装机量）。

最后，指标要可操作、可理解。我们要考虑选取的指标口径定义是否清晰，是否容易获得，这个指标能否告诉你产品的迭代改动方案是否成功。

【案例7-4】 Panda公司选取实验指标

Panda公司打算针对其商品列表页的推荐顺序上线一版新的推荐方案。于是需要产品经理艾伦、数据分析师理查德设计A/B测试进行验证。

产品经理艾伦列出了如下指标作为实验观测的目标指标的候选集：

- 用户满意度；

- GMV；

- ARPU；

- ARPPU；

- 用户点击率。

数据分析师理查德认为这次优化商品列表页推荐算法的目标是提高用户浏览商品详情的兴趣。如果实验组用户更多地点击了为他们推荐的产品列表中的产品卡片，说明他们更愿意了解这个产品的详情，也就说明针对推荐算法的改进奏效了。

因此，基于这个理解，理查德对产品经理艾伦罗列的实验观测指标候选集进行了梳理。

- **用户满意度**：能够反映用户对推荐内容的兴趣，但是这个指标的定义比较模糊。数据分析师和产品经理需要界定如何计算用户满意度；为了获取用户满意度数据，也许还需要针对用户进行问卷调研，时间成本太高。因此，用户满意度这个指标在可操作性和可理解性方面是不能充分反映问题的。

- **GMV**：不仅与业务目标一致，还在一定程度上体现了用户价值（因为如果企业提供的用户推荐方案合理，用户对推荐的产品会比较感兴趣，转化的意愿就会更高）。另外，GMV指标定义清晰，可操作性强。看起来，GMV似乎是一个不错的观测指标。但是，理查德考虑到GMV中会包含取消订单金额、拒收订单金额和退货订单金额。如果这3部分金额大，GMV可能是一个虚荣指标。经过进一步的考量，理查德认为可以忽略这个因素的负面影响。因为在本案例中需要验证的是推荐算法的好坏，取消订单金额、拒收订单金额和退货订单金额应该不会在推荐算法改变的情况下出现大的异常，所以综合来看GMV可以作为实验的目标指标。

- **ARPU**：也比较适合作为实验的目标指标，理由与GMV的相同。在DAU稳定的情况下，ARPU的作用等价于GMV的作用。

- **ARPPU**：这个指标不同于 ARPU。ARPPU 高也许因为推荐的产品列表中高价商品多。但是一旦大量推荐高价产品，则会降低用户的购买意愿和转化率。因此，理查德认为 ARPPU 并不一定能代表推荐列表对提升用户兴趣的价值。ARPPU 高并不一定代表总收入高。

- **用户点击率**：实际上等于用户点击次数除以商品列表曝光次数。这个指标是推荐算法直接能够影响的指标，并且代表用户对推荐内容的感兴趣程度，可操作性强，并且容易理解。

对产品经理艾伦列出的指标候选集进行了筛选之后，数据分析师理查德反馈的结果如表7-3所示。

表7-3　理查德反馈的结果

目标指标	是否与业务目标一致	是否能够衡量用户价值	是否可操作、可理解	是否入选
用户满意度	是	是	否	否
GMV	是	是	是	是
ARPU	是	是	是	是
ARPPU	不一定	否	是	否
用户点击率	是	是	是	是

所以，经过分析和筛选，最终在实验过程中，理查德和艾伦选择了 GMV、ARPU 和用户点击率这3个指标作为需要关注的实验指标。

另外，值得注意的是，我们在选择核心指标的同时，可能还需要关注反向指标。反向指标是指核心指标上升时可能会下降的其他某些指标。在现实中有很多指标是此消彼长的关系。一旦我们过于关注某些指标的提升，就可能影响到其他的指标。例如，我们希望能够通过 A/B 测试检验增加 APP 的购买引导窗口弹出次数提升的收入。增加购买引导窗口诚然很有可能提升收入，但这同时会增加用户使用 APP 的阻力，因为弹窗会打扰用户的使用流程（让用户觉得使用心烦），从而影响用户体验。所以我们在确定将收入作为我们这个 A/B 测试所关注的核心指标的同时，也需要考虑以一些与用户体验相关的指标作为反向指标（如次日留存率、投诉率等）。

7.3.2　实验的设计和进行

确定了实验需要关注的核心指标之后，我们就可以开始正式设计和进行实验了。

实验的设计和进行大致分成 3 个步骤，如图 7-15 所示。

图 7-15　实验设计、进行的步骤

1．确定实验假设，设计实验方案

实验方案是指数据分析师根据产品需求文档或运营策略的要求，决定需要安排几组用户进行实验，对实验组和对照组的用户分别会使用什么样的策略或者产品改动。

【案例7-5】　Panda公司的UI实验

Panda 公司的 APP 中原本有一个按钮是蓝色的，产品经理艾伦现在想看看将这个按钮调整成红色之后是不是能够提升用户的点击率。艾伦向数据分析师理查德提出了实验设计需求。

理查德考虑如果要验证哪种颜色的按钮好，至少需要将接受测试的用户分为两组，并且实验组用户看到的是显示红色按钮的界面，对照组用户看到的是显示蓝色按钮的界面。按钮颜色实验展示方案如图 7-16 所示。

对照组　　　　实验组
蓝色按钮　　　红色按钮

图 7-16　按钮颜色实验展示方案

对于 A/B 测试，并不是只能设计两组，有时候我们如果需要比较超过两种方案的优劣，也可以设计超过两组的实验方案。

A/B 测试的理论基础是假设检验。我们在前文介绍假设检验时提到过，假设检验是基于证伪的思想构建的检验过程。我们在设计完实验方案之后，需要按照证伪的思路确定实验假设。

对于案例 7-5 来说，主要通过实验验证红色按钮和蓝色按钮在用户点击率上是否有差异。

实验的原假设就是"实验组方案（红色按钮）和对照组方案（蓝色按钮）没有差异"，备择假设就是"实验组方案（红色按钮）和对照组方案（蓝色按钮）有差异"。如果原假设不成立，就证明红色按钮和蓝色按钮在提升用户点击率的场景中确实是存在差异的，我们就可以认为按钮颜色不同的 UI 方案确实会影响用户的决策。按钮颜色实验过程如图 7-17 所示。

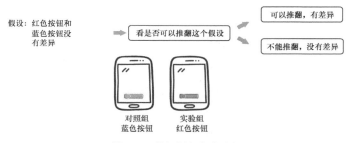

图 7-17 按钮颜色实验过程

2. 确定样本量

在设计实验的时候，另一项非常重要的工作就是科学地估算实验所需要的样本量（或者实验期数）。实验过程中样本量（或者实验期数）是否足够对于实验结论是否合理至关重要。如果实验的样本量不足或者实验观察时间（实验期数）太短，就有可能使得实验结果呈现伪阳性和伪阴性。

伪阳性是指尽管在实验数据表现上实验组优于（或者劣于）对照组，但是这种优势（或者劣势）是数据的偶然波动或者突发事件造成的，并非实验组方案真的优于（或者劣于）对照组方案。

伪阴性是指尽管在数据表现上实验组相对于对照组没有显著差异，但实际实验组的方案和对照组方案相比是理应有显著差异的，只是因为数据量小，波动较大，所以数据差异难以发现。

前文提到假设检验的两类错误。伪阳性实际上就是第一类错误，伪阴性实际上就是第二类错误。为了能够准确判断实验方案是否有效，人们自然希望犯两类错误的概率都越小越好。但是对于一个固定的样本量 n，犯两类错误的概率（α 和 β）是此消彼长的关系。要想同时让犯这两类错误的概率变小，就需要扩大样本量。

当然，实验样本量过多也会带来流量和资源的浪费。

在日常的实验过程中，我们更关注的是样本量不足的问题。在统计学中，有一个非常重要的定律——大数定律。大数定律指出，随机变量在大量重复实验中呈现出几乎必然的规律，样本越大，对样本期望值的偏离就越小。

通俗地讲，样本量越大，数据样本中体现出来的规律就越可信。在样本量足够充裕的情况下，实验结果会满足大数定律，实验结果中体现的规律会更加可信。而在样本量或实验期数不足的情况下，我们就有可能陷入小数定律的"泥潭"，实验结果就不可信了。小数定律会让人犯以偏概全的错误。

那么我们应该如何确定实验所需要的样本量（或者期数）呢？

确定实验所需要的样本量主要考虑以下 4 个方面因素。

- **指标数据波动**：可以用数据指标的变异系数（标准差除以均值）表示。一般来讲，数据指标本身波动越大，假设检验结果就越容易被数据的偶然变化所干扰。而扩大样本量或者延长实验期数可以在一定程度上缓解偶然因素对实验造成的影响。换句话说，样本量越大（或者实验期数越大），总体数据波动造成的偶然扰动的影响就越小。所以数据指标实际变异系数和实验所需要的样本量或实验期数成正比。在其条件一致的情况下，指标的日常波动越大，所需要的样本量或者实验期数就越大。例如，实验 A 关注的指标是 GMV，其日均值是 10000 元，日标准差是 1500 元。而实验 B 关注的指标是 ARPU，其日均值是 0.75 元，日标准差是 0.25 元。在其他实验条件一致的情况下，哪种实验需要的样本量或实验期数更多呢？实验 A 关注的指标 GMV 的变异系数为 1500/10000=0.15，实验 B 关注的指标 ARPU 的变异系数为 0.25/0.75≈0.33。实验 B 关注指标的波动比实验 A 的大，因此实验 B 需要比实验 A 更多的实验样本量或者更长的实验期数。

- **显著性水平**：我们所能接受的犯第一类错误的概率。我们对显著性水平的要求越严格，我们所需要的样本量就越大。

- **预期差异**：实验组和对照组预期的差异。如果实验组的方案是一个预期相对对照组提升较大的方案，我们就更容易通过检验发现实验中实验组和对照组的差异。如果预期实验组方案带来的提升不明显，那么要发现实验组和对照组的差异就会比较难。这正如"明察秋毫"对视力的要求很高，较细微的预期差异也会对样本量或者实验期数有很高的要求。

- **统计功效**：不犯第二类错误的概率，用 $1-\beta$ 表示。如果实验组相对于对照组有预期差异，我们能够抛开数据扰动，发现这种差异的概率就是统计功效。换句话说，$1-\beta$ 就是明察秋毫的概率，类似于显著性水平。对统计功效的要求越高，需要的样本量越大。

综上所述，我们希望通过一个较大的、合理的样本量来弥补波动造成的干扰，使我们不会对结果产生误判，能够明察秋毫地发现一定范围内的差异。

具体而言，实验所需要的样本量由如下公式推导得出：

$$N=2\left(\frac{(Z_{1-\frac{\alpha}{2}}+Z_{1-\beta})s}{\bar{x}r}\right)^2$$

其中，N代表实验所需要的样本量或者实验期数；s代表数据的标准差；$\bar{x}$代表观测指标的均值（标准差在上述公式的分子中，而均值在上述公式的分母中，这正好意味着，样本量受到变异系数的影响）；r是预计实验组相对于对照组的提升比例，即预期差异；$Z_{1-\frac{\alpha}{2}}$和$Z_{1-\beta}$分别代表显著性水平与统计功效所对应的临界值，这两个数值越大，代表我们对实验结果显著性水平和统计功效的要求越严格。

一般来讲，在实验前，预期差异（r）以及对显著性水平与统计功效（$Z_{1-\frac{\alpha}{2}}$和$Z_{1-\beta}$）的要求由数据分析师和业务方讨论决定，均值是客观数据。所以，在设计实验的过程中，只需要求取对应关注指标的标准差就可以得到所需要的样本量。

一般情况下，我们会面临两种需要确定样本量或实验期数的场景。第一种是给定实验期数，确定每天的样本量。另一种是给定流量比例，确定实验期数。

我们看一个案例。

【案例7-6】 某新闻类APP一个实验的期数确定过程

某新闻类APP希望通过改进推荐算法增加用户阅读时长。产品经理露西希望通过10%的用户流量测出科学、有效的结果。数据分析师埃米通过实验前对用户进行10%的随机抽样发现，用户阅读时长的样本均值是30min，日平均阅读时长的样本标准差是3min。露西希望能够通过算法调整提升5min的用户阅读时长。

在实验前，产品经理露西和数据分析师埃米沟通，能够接受5%的犯第一类错误的概率。

显著性水平$\alpha = 0.05$，对应的$Z_{1-\frac{\alpha}{2}} = 1.96$。

露西还希望，如果用户阅读时长真的增加5min，在80%的概率下不会因为扰动项而忽视它。

统计功效$1-\beta = 80\%$，对应的$Z_{1-\beta} = 0.85$。

埃米通过公式计算所需的实验期数为

$2\times[(1.96+0.85)\times3/5]^2 \approx 5.69$（天）

然后，埃米向上取整，得出结论：最短实验期数为6天。

即在给定10%的流量、5%的显著性水平和80%的统计功效要求的情况下，期望目标提升时长5min，需要6天的实验期数。

到此，我们介绍了 A/B 测试步骤中"设计实验方案，确定实验假设"和"确定样本量"这两个步骤。这两个步骤都是科学地执行 A/B 测试的重要前提条件。接下来，我们就开始介绍实验执行阶段。

3．执行实验

当我们完成实验设计以后，我们就进入了实验执行阶段。

在互联网公司中，实验的执行通常是由实验平台支持的。

在大部分 APP 中，A/B 测试看似简单、方便，实则有一个软肋——流量不足的问题（微信、抖音等超大型 APP 除外）。在一段时间内公司希望验证的产品迭代方案有很多，但是用户流量相对有限。如果仅仅进行一连串的单独测试，则会延长产品迭代的周期。因此，谷歌公司在 2010 年的 KDD 上公布了著名的分层重叠实验框架。这种实验框架可以保证实验平台同时支持更多的实验，更好地保证实验的准确性和合理性，更快地获取实验结果。

自此，互联网公司找到了解决快速产品迭代和流量不足之间矛盾的方法。这些公司都基于谷歌公司提出的分层重叠实验框架设计并构建企业内部的实验平台。

为了实现实验组和对照组样本的随机分配，并且保证实验平台大量、并发的实验需求，实验平台需要具备"随机分桶"和"正交分层"的功能。其中随机分桶保证了样本的随机性；而正交分层则保证实验平台同时支持更多不同的实验。

1）随机分桶

"桶"就是一组用户。随机分桶是指将用户随机分成若干份，每一份就称为一个桶。一般一个实验会使用一个桶或者多个桶。例如，用户进入 APP 之后首先进入 UI 层，在该层中，通过哈希算法，用户会被分配到许多桶（如 100 个桶）中。因为分桶过程是基于哈希算法进行的，保证了随机性，所以每一个桶的用户结构都是一致的。

当要进行某个 UI 实验时，UI 层会选取若干个桶作为实验组，同时选取若干个桶作为对照组。用户在同一层中会被分配到多个同时进行的实验当中，这会提高实验的效率。例如，图 7-18 中的 UI 实验 1 中，实验组会使用第 1~3 个桶的用户，对照组会使用第 4~6 个桶的用户；而 UI 实验 2 会选择第 7、8 个桶的用户作为实验组，第 9、10 个桶的用户作为对照组……由于随机分桶过程基于哈希算法使得每个桶中的用户结构是一致的，实验其实选取了若干个桶，因此每个实验的每个组的用户结构也是一致的。

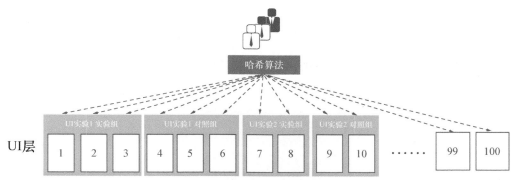

图 7-18　随机分桶

通常用户进入 APP 并触发实验的时候会携带许多信息，如用户 ID（如 UID/GID 与 Cookie 等）、用户触发时间、用户所在层（分层实验部分会详细介绍）等。随机分桶就是根据这些信息按照一定规则进行划分的。这种规则就是所谓的哈希算法。哈希算法是一类算法的统称，具体操作是通过一个哈希函数将一个字符串（包含用户 ID 和层 ID 等信息）均匀、随机地散布到算法设计的多维空间中。

目前常用的是 Murmur 算法。它将用户 ID 和层 ID 等信息合并成一个字符串，用哈希函数处理后取余数。这种方式能够保证用户均匀、随机地分配到各个桶中。

具体到某一个用户的角度，若某用户进入 APP 中，我们先将所处的实验层级、UID/GID/Cookie 和实验名等信息合并成一个字符串，再将字符通过哈希函数转化为一组同样长度的数字，接着对这个数字取余数，就是对应的桶号。如图 7-19 所示。

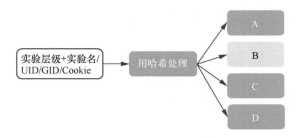

图 7-19　通过哈希取余保证随机性

2）正交分层——分层正交实验框架

在一家数据驱动的公司中，任何的产品改动都需要通过实验验证其是否有效。因此同时在线上运行的实验可能有很多个。而一家公司的用户流量相对是有限的，我们不可能将某一个用户只分配给一个实验。一般来讲，为了快速、高效地获得实验结果，一个用户有可能会被同时分配到多个实验中。此时，我们就面临这样一个问题，就是如何让多个实验不相互干扰，保证实验结果可信。

要解决这个问题，我们就要用到分层正交实验框架（见图 7-20）。

图 7-20　分层正交实验框架

分层正交实验框架中，一些重要的概念如下。

- 域（domain）：一部分流量的划分。域负责控制流量，域中可以承载和嵌套层。一个域中可以嵌套多层，如图 7-20 中的重叠实验域。我们也可以设置独占流量的非重叠实验域，作为全局对照的流量，如图 7-20 中的非重叠实验域。

- 层（layer）：在分层正交实验框架下，属于同类实验的载体，在层中有多个同类的、互斥的实验。图 7-20 中，有的层专门承载 UI 实验（如图 7-21 中的 UI 层）；有的层专门承载搜索结果实验；有的层专门承载机器学习实验。一个用户在一层中最多只会被分配到一个实验中。同样地，一个用户只有在不同的层中才会被分配给不同的实验及组（实验组或者对照组）。层与层之间要求相互正交。原则上，实验平台需要将不会相互影响的功能和展示方案相关的实验放在不同的层（满足不同的实验需求）。

- 实验（experiment）：在一定流量划分上，通过实验组和对照组对比验证产品改动或策略是否能显著影响关注指标的过程。实验由层所承载，通过层修改实验参数（例如，通过层控制用户是看到新的按钮颜色还是旧的按钮颜色）。

在多层实验框架下，实验分流有两个要求。

- 正交：用户进入的所有实验之间没有必然联系。当把进入一个实验中的某个组的用户再分配给其他实验时，用户也是均匀分布的。

- 互斥：两个实验流量独立，用户只能进入其中一个实验。一般针对同一流量层上的实验，例如，图文混排列表实验和纯图列表实验，同一个用户在同一时刻只能看到一个实验。例如，我们要针对某页面的 UI 展示方案做实验来看不同的展示方案的转化效果，我们不能让某一个用户同时看到两个实验方案。如果那样，最后用户一旦转化，我们可能就说不清楚到底哪个因素导致用户转化。

层之间要独立，最好符合完全的正交。域之间流量分配遵循独立对等原则。不同层之间如何保证流量正交呢？

每个层中流量会分成多个桶，实验平台可以通过上文介绍的随机分桶的方法，将一个层的流量均匀、随机地分配到下一个层，保证流量的正交。

我们通过下面这个案例说明这一过程。

【案例7-7】　随机打散和正交分流

如图 7-21 所示，某新闻类 APP 的 A/B 测试系统分层中有 UI 层和算法层。UI 层用来承载关于 UI 展示样式的实验。算法层用来承载不同推荐策略的实验。

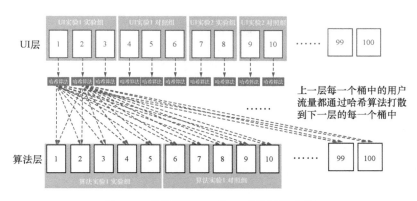

图 7-21　某新闻类 APP 的 A/B 测试系统分层

当每天的用户进入 APP 之后，首先会通过哈希算法均匀地被分配到 UI 层的 100 个桶中。由于哈希算法的作用就是随机打散，因此每一个桶中的用户结构和总体的用户结构是一致的，并且每一个桶中的用户结构也和其他桶中的用户结构是一致的。

此时假定 UI 实验 1 以第 1～3 个桶作为实验组，以第 4～6 个桶作为对照组。因为 UI 层中的每一个桶的用户结构都一致，所以 UI 实验 1 的实验组和对照组的用户结构是一致的。UI实验2以第7~8个桶作为实验组，以第9~10个桶作为对照组，其实验组和对照组的用户结构也是一致的。

用户在通过UI层的实验分配之后会进入算法层的实验分配，UI层每个桶的用户在进入算法层的时候，又会基于哈希算法被随机打散到算法层的各个桶中。算法层的各桶中都会随机拥有UI层第1~100个桶的流量（即随机、均匀地拥有UI层实验各组的流量）。这种均匀的随机分配保证了实验在UI层和算法层之间是正交的，即不会出现某个UI层实验的流量分配不均匀而影响了个别算法层实验或组别的情况。两个层的实验是独立的。

7.4 综合案例：Panda公司通过A/B测试优化促销信息展示方案

Panda公司现拟针对其一款热门产品Panda玩偶盲盒进行八折促销。数据分析师和业务方商定了实验方案，在2020年6月15日到2020年7月15日期间针对"限时打折"UI展示方案进行A/B测试，A组为对照组，B组为实验组。实验的具体操作为，实验组和对照组在商品列表页看到不同的UI展示方案。

实验组可以看到的UI展示方案如下。

商品图片上会有以黄色为底色的"限时打折"的标签，商品卡片上会同时展示现价和原价。促销信息展示实验实验组UI展示方案如图7-22所示。

图7-22 促销信息展示实验实验组UI展示方案

对照组只能看到正常的没有促销信息的UI展示方案。

由于实验对照的是列表页的UI展示方案，目标是提升用户的转化率，进而提升收入，因此实验选择以转化率为目标指标进行观测。

实验原假设为 H_0：转化率没有差异。

于是数据分析师和产品经理在2020年5月27日到2020年7月16日做了第一阶段A/B测试，其结果如图7-23所示。

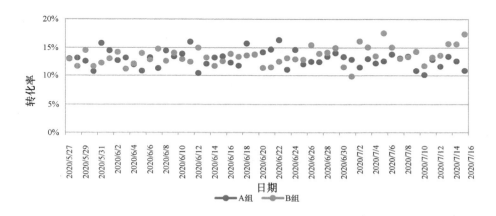

图 7-23　第一阶段 A/B 测试结果

实验周期内，对照组的转化率均值为13.0%，实验组的转化率均值为13.5%。经过检验，p值为0.086。实验结果是不能拒绝原假设，实验组和对照组在转化率上没有显著差异。

实验后数据分析师和产品经理、产品运营人员进行实验复盘，并且对部分用户进行了问卷调研，他们发现：造成用户转化率没有显著提升的原因并不是折扣力度不够，而是很多用户根本没有感知到活动，根本没有关注到"限时打折"的标签！

此时产品经理优化了APP中商品列表页的促销信息展示方案。一方面，将"限时打折"标签改成红色；另一方面，将原来的商品卡片样式改变成划价模式。图7-24展示了迭代过后的促销信息展示方案。

2020年8月20日到2020年9月3日，数据分析师和产品经理进行了第二阶段A/B测试。实验周期内，对照组的转化率均值为13.0%，实验组的转化率均值为18.6%。经过检验，p值为0.000284。实验结果是拒绝原假设，实验组和对照组在转化率上有显著差异。图7-25展示了第二阶段A/B测试结果。

图 7-24　迭代过后的促销信息展示方案

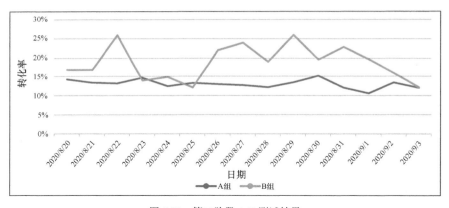

图 7-25　第二阶段 A/B 测试结果

7.5 A/B 测试进阶

7.5.1　如果实验结果和我们预想的不一样怎么办

我们在进行实验之前会对实验结果有预期，也经常出现实际实验结果和我们预想的结果不一致的情况。例如，我们针对用户进行了一次发放代金券的营销活动，用户购买转化率并没有得到显著提升。又例如，我们简化了用户的注册流程，用户转化率反而降低了等。

一般来讲，实验结果和我们预想的结果不一致，可能有 3 个原因。

原因 1 是产品服务不完善。

对于结果不符合预期的情况，我们应该首先基于业务检查是否产品和服务本身不完善。产品本身存在问题或者 bug，或我们认为可能会更吸引用户的产品改动或者服务仅仅是我们的伪需求和"一厢情愿"，这些很容易造成实验得不到预想的结果。

对策如下。

- 重新测试和体验产品流程，看是否存在问题和 bug。

- 与用户沟通，通过问卷调研或者深度访谈等方式深入了解用户，梳理用户需求。

- 与业务方多沟通，找到产品和服务迭代及优化方向。

原因 2 是指标数据波动大。

目标核心指标数据波动较大，导致偶然的波动掩盖了应有的实验结果。

对策是扩大样本量或者实验期数。

原因 3 是有异常用户，用户分流不均匀。

如果用户分流不均匀，则会造成实验组和对照组的用户结构不一致，从而造成实验结果不符合预期。例如，在一次针对用户转化率进行的实验中，对照组中高付费意愿的用户更多，就有可能减小实验组实验策略带来的与对照组的结果差异，导致实验结果中两组的差异不显著。

另个，实验中出现行为比较极端的用户，也会造成观测数据不可信。例如，在在线旅游行业的针对能够提升订单量的营销策略的实验中，对照组中突然混入了许多虚假用户，就会使得对照组订单量大涨。

对策是在实验前期进行 AA 实验（在线评估中在相同配置下开启一个实验组和一个对照组的实验），尽量保证分流均匀。

7.5.2 基于 A/B 测试增量反馈模型

A/B 测试是为了验证某些产品改动或者营销活动是否能够促使用户更多地进行购买而设置的。根据"是否让用户感知到营销活动或产品改动"以及"用户是否转化"两个维度，把用户分成如下 4 类。

- 可转化者：仅仅当感知到营销活动或产品改动时，这一类用户才会转化，否则不转化。这一类用户恰恰是我们进行营销活动时希望找出来的用户。

- 自然转化者：无论是否感知到营销活动或产品改动，这一类用户都会转化。许多营销行为是涉及营销成本的，而对自然转化者在不增加任何营销成本的情况下也会转化。如果我们能够通过一些方式准确区分可转化者和自然转化者，我们就能够节省针对自然转化者的营销成本。

- 无感者：针对这一类用户，无论是否让他们感知到营销活动或产品改动，他们都不会转化。这一类用户本身就不会成为营销活动或产品改动的目标用户。

- 拒绝打扰者：针对这一类用户，如果让他们感知到营销活动或产品改动，他们反而不会购买，更有甚者因为受到了打扰而流失。

图 7-26 展示了基于营销增量反馈模型的用户类别。

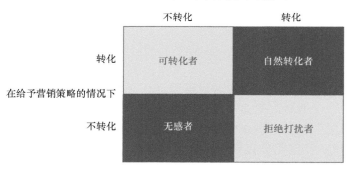

图 7-26　基于营销增量反馈模型的用户类别

如果我们能够准确地找到可转化者并进行更精准的营销，我们的产品和活动就能拥有更好的 ROI。找到可转化者的过程也称为实验策略的**增量反馈**价值的过程。

增量（用 L 表示）可以用如下数学形式表示：

$$L = P(\text{Buy} = 1 | \text{Treatment} = 1) - P(\text{Buy} = 1 | \text{Control} = 1)$$

其中，$P(\text{Buy} = 1 | \text{Treatment} = 1)$ 指在实验组条件下转化的条件概率，$P(\text{Buy} = 1 | \text{Control} = 1)$ 指在对照组条件下转化的条件概率。增量实际上关注的是在实验策略

和条件下转化的增加值。

第 8 章会介绍，我们可以通过机器学习分类模型预测用户购买行为的概率，但是这种预测的思路并不是增量预测的思路。即使在分类模型预测效果极佳的情况下，通过分类模型预测出来的用户也会包含自然转化的用户。因此将分类模型预测结果用在找到营销敏感人群进行促销的场景下，ROI 会低于用增量反馈模型的 ROI。

业内比较有名的增量反馈模型是 Uplift 模型，有兴趣的读者可以深入了解。

第 8 章　用户画像

从事互联网行业工作的人对"用户画像"这个词应该不会陌生。互联网企业经常利用用户画像实现产品和服务的差异化，提升工作效率。人们常常会同时提起精准营销、增长黑客和用户画像。当然，许多优秀的传统企业也会利用用户画像提升自己的收入或销量。例如，传统金融企业会根据用户的人口学特征、身份特征等构建用户画像，从而识别风险用户；广告企业也会通过用户画像提升广告效果。

8.1　用户画像概况：用户画像概念及应用领域

8.1.1　用户画像的定义

用户画像到底是什么？它可以应用到哪些领域呢？用户画像最早的定义是由"交互设计之父"Alan Cooper 提出的，他说："用户画像实际上是建立在一系列用户数据之上的一个目标用户模型。"

图 8-1 展示了理解用户画像的 3 个要点。

首先，用户画像并不会对某一个用户的特征进行描述，而会对一群人的特征进行抽象。用户画像针对一群人（目标人群）进行分析，用数据去刻画其特征。这群人是一群有共同基础信息特征、心理特征或者行为倾向的人。从实现形式上来讲，这种刻画其实可以理解为，为一群有共同

图 8-1　理解用户画像的 3 个要点

特征的人贴标签，然后根据标签进行精准营销。完成用户画像以后，我们可以找到合适的营销方案。

其次，"巧妇难为无米之炊"。用户画像是基于真实数据构建的，真实的用户数据就是用户画像的"画笔"。这里提到的数据包含但不限于人口学特征（如目标人群的性别、年龄、地域分布等）、用户行为数据等。

最后，从"目标人群"这个词中，我们可以看出用户画像关注的并不是全体用户，而是某一个细分群体，是一个精准的群体，是一个细分的利基市场。

8.1.2 用户画像的使用范围

作为消费者和用户，我们在生活中使用 APP 和服务的过程中，经常可以看到用户画像的影子：

- 抖音、快手等 APP 将用户画像与推荐算法结合，让你体验沉浸感；

- 视频网站通过用户画像知道你是喜欢张三还是喜欢李四；

- 美团 APP 通过用户画像知道你是喜欢吃面还是喜欢吃米饭；

……

作为互联网行业的从业者，我们如何使用用户画像提高企业的效益呢？

首先，用户画像能够帮助我们认识用户。用户画像能够帮助我们明确谁是我们的用户，我们的用户可以分为哪些类别，我们的核心用户是谁。

其次，用户画像能够帮助我们挖掘需求和场景。在认识用户的基础上，我们可以基于用户的身份特征和行为特征，理解用户的需求和消费场景，从而帮助我们更好地制定营销策略。

最后，用户画像能够帮助我们实现用户增长并提升用户体验。用户画像可以帮助我们采用有效的手段实现企业用户增长和提升用户体验的目标。用户画像在互联网企业和传统企业中被广泛应用于智能推荐、运营策略、收入提升、服务差异化、产品优化和风控等场景（见图 8-2）。

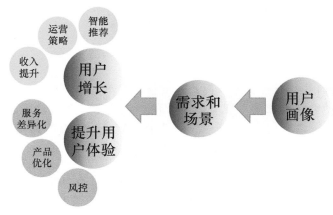

图 8-2 用户画像的应用场景

8.1.3　关于用户画像的一些理解

1．用户角色和标签之辨

在我国，随着人们对用户画像的利用程度不断加深，互联网行业内关于用户画像出现了两种理解。

- 用户画像其实就是用户角色。用户画像主要展示了用户是谁，他们在行为和特征上有哪些特点。一般用户研究和产品经理岗位的从业者持这种观点。

- 用户画像就是用户身上的各种标签。一般数据分析师和开发人员会倾向于这样理解用户画像，因为他们可以直接利用这些标签对用户制定差异化策略（基于推荐算法）。一般标签是通过数据挖掘或者基于数据分析的规则产生的。

不同岗位的人对用户画像这一工具的利用方式不同，因此对这一概念的理解会有区别。

但是，用户角色和标签是用户画像的两个层面。用户角色是用户画像的描述层面，而标签是用户画像的应用层面。所以，我们在后文中就不针对这两个概念做辨析了。

2．一个用户只能有一个标签吗？

一个用户并不是只能有一个标签。标签其实可以理解为用户的身份和行为特征。每个人可能在不同的场景下有不同的身份。例如，我们在工作场景下是员工，在家庭中是父母、子女、伴侣等。所以每个用户在不同的场景下可以有多个标签。

【案例8-1】　Panda公司用户画像标签体系

Panda公司的数据分析负责人挪亚负责推动其用户画像标签体系搭建工作。挪亚基于对用户的分析和理解，花费数年时间，构建了一套用户画像标签体系，并且基于这个体系，为用户提供差异化产品和精准服务，取得了良好的效果。

在这套用户画像标签体系当中，共有三大类标签。

- 基础事实类标签：一方面，包括与人口学相关的标签，具体而言是关于用户的年龄、性别、居住地等的标签，如"Z世代用户"标签、"一线城市用户"标签等；另一方面，包括用户基础行为标签，如"近7天搜索多次用户"标签、"新增用户"标签、"搜而不买用户"标签等。

- 用户身份标签,如"宅用户"标签、"萌用户"标签、"上班族用户"标签和"学生用户"标签等。

- 用户行为标签,其中不仅包括与用户产品偏好相关的标签,如"盲盒偏好用户"标签、"热血动漫偏好用户"标签、"机甲手办偏好用户"标签等,还包括与用户购买行为相关的标签,如 RFM 系列标签和"用户购买可能性"标签等,以及一些其他的标签,如"用户投诉意愿"标签和"流失可能性"标签等。

值得注意的是,一个用户可能被同时贴上多个标签。例如,某一个用户可能既是一个"上班族"用户,也是一个"宅"用户,还是一个"机甲手办偏好"用户等。

图 8-3 展示了 Panda 公司的用户画像标签体系。

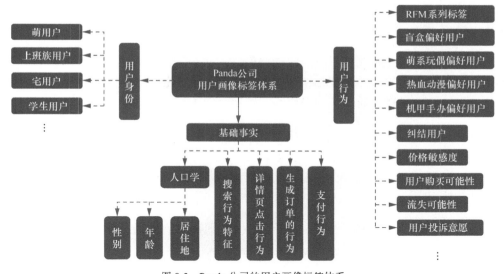

图 8-3　Panda 公司的用户画像标签体系

8.2 用户画像构建途径

8.2.1　构建和应用用户画像的步骤

在互联网企业中,用户画像的构建和应用主要分为 3 步,如图 8-4 所示。

图 8-4　用户画像构建和应用的步骤

1. 画像分析

用户画像构建和应用的第一步是画像分析。简单地说，画像分析就是基于海量的用户数据进行数据分析，用数据讲出用户的"故事"。这里的"故事"是指用户对产品和服务的使用习惯，即用户如何使用我们的产品和服务，他们的核心诉求是如何体现在与产品和服务交互的过程中的。画像分析也就是通过分析用户的基础信息数据和行为数据，梳理出目标用户群体的共性特征的过程。

要做画像分析，首先需要获取分析的素材——用户数据。用户数据的获取途径主要有如下两种。

- 定性获取：通过与用户的深度访谈（一对一）或焦点座谈会（一对多）获得用户的信息。深度访谈和焦点座谈常常会根据结构性的问卷或者提纲进行，针对规定的问题进行挖掘，挖掘的结果多以文字形式呈现。

- 定量获取：获取狭义上的数据。在互联网企业中，由于数据基础建设较完善，一般通过自身数据库获取用户相关数据。而对于传统企业，由于数据库等基础设施建设不完善，一般通过销售数据或者问卷调研获取用户数据。

通过定量获取，得到的是狭义上的数据，即数字；而通过定性获取，得到的是广义上的数据（如文字表述）。

在通过定性或者定量的方式获取数据之后，要分析用户画像，从如下 3 条主线入手。

- 基础信息特征，如用户的年龄、性别、地域等。

- 行为偏好特征，如用户的消费频次、消费金额、偏好品类等。

- 心理特征。在基础信息特征和行为偏好特征的基础上，我们还可以继续推断用户的心理特征，以挖掘能够促使用户转化的支点。

图 8-5 展示了两条途径与 3 条主线。

两条获取信息的**途径**　　　　3 条分析主线

基础信息特征

行为偏好特征

心理特征

定性获取　　　　**定量获取**

深度访谈和　　　获取自身数据库数据
焦点座谈会　　　　（互联网企业）

销售数据、问卷调研
（非互联网企业）

图 8-5　两个途径与 3 条主线

2. 生成内容

画像分析完成之后，我们就可以生成内容了。

生成内容的过程也可以称为构建用户画像标签的过程，也就是根据算法模型或者规则产生用户画像标签，并选出我们所需要的用户群体，在系统中为这类用户打上标签。对于每一个用户，我们都可以通过用户画像标签判断这个用户是不是我们要关注的某一类目标用户。

生成内容的两种方法如图 8-6 所示。

第一种方法是基于规则构建用户画像标签。基于规则就是设定一些条件或者阈值，选出一群具有共同特征的用户，对他们制定有针对性的营销策略。

算法模型

规则

图 8-6　内容生成的两种方法

例如，如果我们要找出高消费的用户，就可以简单地设置一个标准，找到年消费额大于 1 万元的用户并为之打上"高消费用户"的标签。基于规则构建用户画像标签适用于简单的、数据波动小的场景。

第二种方法是利用算法模型构建用户画像标签。有时我们需要构建一些比较复杂的用户画像标签来刻画用户偏好，预测用户的行为。这个时候，仅仅靠简单的规则效果就不那么好，就需要利用算法模型构建用户画像标签。

这里需要注意的是，根据维度，某一个用户可能被归入多个用户画像标签的范畴。例如，某一个用户既可以归入"高潜力用户"，也可以归入"易投诉用户"。

在传统企业中，可能没有办法在系统中给用户打上标签，但是可以通过旗帜鲜明的广告宣传，主动吸引企业所需要的那一群人。

3．对外输出

对外输出是指产生了用户画像标签后，企业或者平台触达目标用户并且通过各种手段促使其转化的过程。

如图 8-7 所示，在用户画像的对外输出阶段，需要关注触达时机、触达渠道和吸引手段 3 个方面的内容。

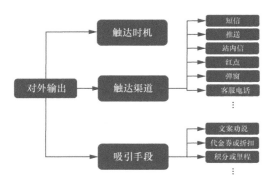

图 8-7　用户画像的对外输出

一是触达时机（when）。也就是说，要根据用户画像标签，决定在什么时间或什么场景下对用户开展促销活动。而针对学生用户，在寒暑假期间推送去旅游景点的机票，在开学前推送返回其学校所在城市或者周边城市的机票都是不错的销售策略。

二是触达渠道（where）。APP 内部能够触达用户的渠道有短信、推送、站内信、红点、弹窗和客服电话等。我们在选择触达渠道时，要综合渠道效果、渠道成本、渠道优缺点来做出选择。表 8-1 列出了常用触达渠道的比较。

表8-1　常用触达渠道的比较

渠道	效果	成本	优点	缺点
短信	较好	较低，当前国内为 0.026～0.027 元/条（60 字）	触达率高，成本可控	转化率一般，对用户有所打扰
推送	一般	几乎为 0	成本低	许多用户选择关闭推送
站内信	一般	几乎为 0	成本低	打开率低
红点	一般	几乎为 0	成本低	打开率低
弹窗	好	较低	触达效果好	对用户操作产生阻断，影响用户体验
客服电话	好	高，主要是客服成本	效果好	成本高

三是吸引手段，如文案劝说、代金券或折扣、积分或里程等。一般而言从效果来看，代金券或折扣的效果最好，积分或里程的效果次之，文案劝说的效果最不好。但是从成本而言，代金券或折扣的成本最高，积分或里程的成本次之，文案劝说的成本最低。所以具体选择什么手段促使用户转化需要权衡效果和成本。而利用用户画像进行促销的一个好处是能够以较低的成本获得较大的回报。

以上是构建用户画像标签的过程。下面我们通过一个案例诠释这个过程。

【案例8-2】　Panda公司构建"纠结用户"标签

Panda公司的用户中有许多用户在购买前会反复比价、迟迟不肯下单。Panda公司希望能够构建一个用户画像标签，用于刻画纠结用户群体，在特定时机对他们进行营销，促使他们下单。

第1步是**画像分析**。

首先数据分析师贾森针对30名搜索到下单时间较长或搜索之后未下单的用户进行了访谈，他们中一部分用户（12名）因为购买意愿没有那么强烈而迟迟没有下单或放弃下单，而剩下的用户因为处在某种纠结状态中而没有下单。

贾森经过整理深度访谈所获得的定性资料，获得如下认识。

第1个特征是行为偏好特征。

纠结用户常常会在下单前搜索很多次，对多款同类商品进行比较。一位受访者表示："我对手办比较挑剔，一般会比较各种款式、各家商品的质量，当然还有价格！"

拿不定主意的时候他们会将浏览后看中的商品放到购物车中，但他们需要思考很长时间才购买。一位受访者说："我之前看中了一款高达手办，一直纠结要不要购买。直到纠结了几个月后，才在自己生日那天购买了这款手办。"从数据上看，纠结用户的购物车收藏商品停留时长的中位数是128h，远远高于整体用户的中位数1.2h。

这种挑剔是一种习惯，并不是仅仅在某一次购物中体现出的行为。贾森查询了这些用户过去一个月的平均每次成单搜索次数，发现这些纠结用户的平均每次成单搜索次数为14.7，标准差为2.8。而Panda公司整体用户的平均每次成单搜索次数仅为3.4，标准差为1.3。

第2个特征是人口学特征。

原本贾森认为女生会比男生更加纠结，但是从受访者的性别分布来讲，这种现象并不明显。这也有可能是定性研究的样本量不足造成的。

而从地域分布来讲，纠结用户的地域特征也不明显。

第3个特征是心理特征。

"货比三家"，纠结是一种对产品的挑剔，也是一些用户的习惯。

但是他们又有很强的从众心理。一位受访者表示他每次购买商品之前都会浏览很长时间其他买家对商品的评价和"买家秀"。周围的朋友如果推荐他们关注某一款商品，他们通常都很愿意去购买。

图8-8展示了纠结用户的画像标签。

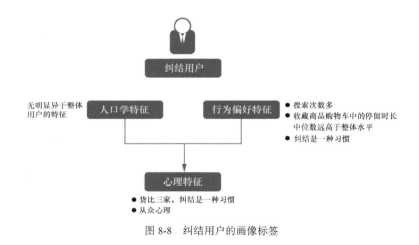

图 8-8　纠结用户的画像标签

第2步是**生成内容**。

经过了第1步的画像分析之后，贾森就想看看如何生成用户画像标签。虽然什么是纠结用户并没有一个绝对的标准，但是贾森通过对用户的访谈了解到纠结用户还是有一些共同特征的，他们决策时间长，这主要体现在两个指标上：一是搜索到支付的时间长，二是购物车中的收藏商品停留时间较长。除此之外，他们还喜欢货比三家（平均每次成单搜索次数高）。

因此，贾森就打算利用基于规则的方式生成"纠结用户"的用户画像标签。

基于数据分析结论，贾森定义满足以下两条标准中任意一条的用户即纠结用户。

- 过去一个月中搜索次数大于 56，且平均每次成单搜索次数大于 8。这条标准中搜索次数和平均每次成单搜索次数的阈值是根据西格玛法则计算得出的。整体用户中搜索次数均值加上 3 倍标准差的阈值为 55.7，而平均每次成单搜索次数的均值加上 3 倍标准差的阈值为 7.3。

- 收藏商品在购物车中停留时长的中位数大于 3h。这条标准中购物车中收藏商品停留时长中位数的阈值是依据四分位差法确定的。整体用户购物车中收藏商品停留时长的中位数加上 1.5 倍四分位差得到的阈值为 2.7h。

第 3 步是**对外输出**。

生成了"纠结用户"标签之后，贾森跟产品经理吉米和运营经理露西沟通可以针对纠结用户进行一次营销。通过讨论，他们准备先进行一次简单的营销活动。

每当一个被"纠结用户"标签命中的用户搜索但未下单超过 24h 之后，APP 就会通过系统给他发送一条短信："您所喜欢的商品×××，昨日已经有××××人下单了，送您 5～20 元随机红包，赶紧下单将您心爱的×××带回家吧！"在短信后方会附上商品详情页的链接。

他们希望通过这种营销短信激发纠结用户的从众心理，来刺激他们购买。

果然，他们通过这个活动，使纠结用户的转化率提高了 17%。

以上案例在内容生成步骤中是通过规则生成用户画像标签的。通过规则生成用户画像标签一般用在没有明确标准以及影响因素相对简单的场景中。如果有明确标准或者影响因素复杂，则需要利用算法模型来帮助我们生成用户画像标签。

8.2.2　利用算法模型生成用户画像标签

1. 了解一定算法知识的必要性

一般而言，在互联网企业中，利用算法模型构建用户画像标签一般是由开发工程师、算法工程师或者数据科学家这样的工程技术岗位的从业者实现的。而数据分析师这个岗位并不是工程技术岗位，而是非技术的业务岗位。可能有的数据分析师会有疑问：我不是开发工程师或者算法工程师，我为什么需要懂算法？

其实，了解一定的算法知识对于我们利用好用户画像标签这个工具来赋能业务，至少有 3 个方面的意义。

一是建立思维。各种机器学习算法看似高深，其背后通常会有一些简单而明确的思想。例如，有一种算法是决策树，即找到能减少更多不确定性的指标并以它们作为入选特征；再例如我们前文介绍的回归算法，利用减少真实值和观测值之间的误差寻求最优解决方案。了解算法原理和思维，能够帮助我们在构建用户画像标签的时候，选择合适的算法来达到很好的效果。

二是沟通顺畅。我们在企业中，一般是借助开发工程师和算法工程师的力量来完成用户画像标签的构建的。我们想要与他们顺畅地沟通，就必须用他们容易接受的语言，降低沟通成本。

三是验收结果。当开发工程师或者算法工程师为我们构建出一个用户画像标签之后，我们需要用科学的方法去做验收。验收的方法在后面会详细地介绍。

后面会介绍一些简单的算法原理。这并不需要你记住多少公式，只是希望你能够对利用算法模型构建用户画像标签有一定的认识，帮助你建立思维、与开发工程师和算法工程师顺畅沟通，以及更好地验收用户画像标签结果。

我们不用把算法模型想得过于复杂。我们可以把算法模型想象成一头牛。鲁迅先生说："牛吃的是草，挤出的是奶。"而算法模型这头牛吃的是数据，挤出的是用户画像标签。

图 8-9　数据、算法模型与用户画像
标签的关系

图 8-9 展示了数据、算法模型与用户画像标签的关系。

2．使用算法模型生成用户画像标签的步骤

使用算法模型生成用户画像标签一般分为 5 步，如图 8-10 所示。

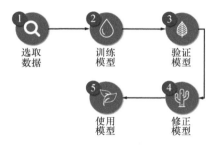

图 8-10　使用算法模型生成用户画像标签的 5 个步骤

第 1 步是选取数据。

选取数据具体而言是指选取数据指标。用户数据是用户画像的"画笔"。用户画像建模利用的数据是什么样的呢？用于用户画像建模的数据其实是一张二维表，也就是一张有 n 行 m 列的表格。图 8-11 展示了用户的特征与记录，其中的表格就是一张二维表。

二维表中，一列是一个字段 ，也称为一个特征

性别	年龄	月收入/元	是否消费	购买金额/元
M	30	5000	0	400
F	26	3000	0	0
F	40	10000	1	500
M	38	8000	1	460

二维表中，一行是一条记录

图 8-11　用户的特征与记录

图 8-12 中的二维表记录的是一个电商网站的用户消费行为。这张表中的一行叫一条记录，代表着一个用户的一次消费；一列叫一个特征，或者叫一个字段。

假定我们目前有一个任务——通过分析用户的性别、年龄、收入这 3 个特征，判断用户是否会消费，那么"是否消费"这个特征就可以看作我们要预测的用户行为，也是建模的目标，称为目标变量或者因变量。

除目标变量或者因变量之外，还要将性别、年龄、收入这 3 个特征指标作为预测用户行为的"原材料"投入模型中，它们称为自变量。自变量和因变量的关系是自变量的变动引起因变量的变动。自变量和因变量如图 8-12 所示。

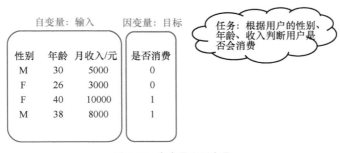

图 8-12　自变量和因变量

数据选取其实是指需要选取哪些特征放到模型中，或者说选取哪些特征作为自变量并放到模型当中以完成对因变量的预测。在这个示例里，一个用户是否消费与他的收入和年龄有关系，和性别无关，因此在建模时，就只选择收入和年龄作为自变量。图8-13展示了特征筛选的过程。

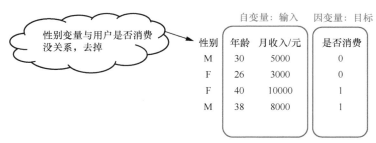

图 8-13　特征筛选的过程

这个特征筛选的过程就是数据选取的过程。

第 2 步是训练模型。

建模的过程类似于机器学习。其实机器学习，就是训练机器（具体指一段计算机程序）像人一样去学习。我们人类会通过"训练-反馈"的方式掌握知识，机器（也就是一段计算机程序或者模型）也是一样的，需要通过训练才能掌握如何为用户打上标签。这种使得一段程序学会自动给用户打上标签或者做判断的过程称为训练。

我们在学生时代时，都会做作业、习题集，同时会参加测验与考试。计算机算法在学习的时候，也需要"做作业"，也需要有"习题集"，也需要面临测验与考试。模型的"习题集"和"考试题"就是我们搜集的数据。我们会把收集的数据集分成两部分。一部分作为模型的"习题集"，让模型更好地掌握如何给用户贴标签并判断用户。另一部分用来"考试"，考验这个模型有没有学好。供模型训练的数据集称为训练数据集；用来"考试"的数据集称为测试数据集。

实际操作中，训练数据集和测试数据集的分配比例大致是 7∶3。也就是说，如果有一个包含 1 万条记录的数据集，我们会随机抽取其中的 7000 条记录作为训练数据集，以余下的 3000 条记录作为测试数据集。

在这里，"随机"两个字值得强调一下。随机是说我们要尽量通过抽样，保证测试数据集和训练数据集的数据在结构上没有太大的差异。

在区分完训练数据集和测试数据集之后，我们就需要在训练数据集上训练我们的模型了。训练就是依赖训练数据集中的数据，不断优化模型参数，提升模型判断水平的过程。

第 3 步是验证模型。

我们可以把在训练数据集上训练出的模型应用到测试数据集上，验证训练出来的模型是否有效、合理。后面会介绍应该如何验证一个模型的好坏。

第 4 步是修正模型。

如果经验证模型效果较好，就不需要进行第 4 步，可以直接跳到第 5 步。但是如果训练出的模型效果不佳，就需要对模型进行修正。

第 5 步是使用模型。

使用模型也就是开发工程师或者算法工程师部署模型、发布应用。

以上就是利用算法模型生成用户画像标签的全部过程。在这个过程中，虽然数据分析师、产品经理、运营人员或者业务方不负责算法模型的直接开发，但需要在 3 个阶段深度参与算法建模。

第 1 个阶段是数据选取阶段，数据分析师、产品经理和运营人员需要根据业务知识，助力特征筛选。

第 2 个阶段是验证模型阶段。开发人员做出了一个模型，我们需要知道这个模型是好的还是坏的，需要验收这个模型。

第 3 个阶段就是修正模型阶段。我们需要看这个模型有没有可以优化的地方，并且依托自身对业务的见解为开发人员提供建议。这也从侧面验证了如果非开发人员希望更好地利用用户画像这样一个工具来赋能业务，为什么也需要了解一些基本的算法知识。

3．使用算法贴标签

贴标签的算法可以分为 3 种。

第 1 种是分类算法，就是通过用户数据判断用户**是否会**做某事，或者**是否属于某种特殊人群**。例如，银行可以通过用户的职业、收入等信息，判断用户是否会发生违约行为；电商企业会根据用户职业、历史行为、历史消费金额、某商品的价格，判断该用户是否会购买该商品。

第 2 种是预测算法。与分类算法相比，预测算法结果是一个连续的数值。例如，电商企业会根据用户属性、行为，判断用户本月会消费多少钱。

第 3 种是聚类算法，是指按照一定标准，把相似个体归为一簇或者一类。例如，我们构建 VIP 模型时会用到 RFM 模型，即通过一个客户的近期购买行为（Recency，R）、购买的总体频率（Frequency，F）以及花了多少钱（Monetary，M）这 3 项指标描述该客户的价值。

按照不同用户在这三个方面的数据表述，我们可以按照"人以群分"的相似性原则将用户分成不同的簇。当然，每个簇中的用户在这三个方面的数值表现上都是相似的。聚类与分类不同的是，聚类不使用一个硬性的因变量来判断是否簇划分的问题，它只将相似性较高的样本汇为一簇。

这 3 种算法当中，分类算法在用户画像标签中应用广泛。因为分类算法可以很自然地和"给用户打上标签"这种任务相对应。由于预测算法和聚类算法用得相对比较少，因此这里不做讲解。

接下来，通过一个例子讲述分类算法是如何帮助我们构建用户画像标签的，并且展示一种简单的分类模型——逻辑回归模型，以及如何判断一个模型的效果好坏——使用混淆矩阵和 ROC（Receiver Operator Characteristic，受试者操作特征）。

【案例8-3】 Panda公司构建"购买意愿"用户画像标签

Panda 公司拟构建一个"购买意愿"标签，希望能针对用户的购买可能性进行预测。这个任务需要数据分析师贾森和算法工程师艾伦合作完成。于是他们两人组成了一个"购买意愿"标签项目组。

预测用户的购买行为是一个分类任务。因为预测的结果只有购买和不购买两种，所以项目组需要做的就是分析用户购买行为，从一系列特征中筛选出与用户购买决策相关度高的特征来构建模型。

第 1 步是**画像分析**。

于是数据分析师贾森对用户的购买行为进行了分析。他发现，如下因素对用户的购买决策影响较大。

- 用户当日行为因素。

  - 用户当日加购物车行为：如果有当日加购物车行为，则用户购买的概率会增加 10%。

■ 用户当日浏览时长：购买用户的当日浏览时长平均比未购买用户的浏览时长多187s。

■ 用户当日搜索次数：购买用户的搜索次数平均比未购买用户的搜索次数多3.7。

● 用户历史行为因素。

■ 用户历史贡献金额：用户历史贡献金额越高，用户当日购买的概率就越大。

■ 用户历史购买频次：如果用户历史购买频次更多，那么用户当日购买的可能性也越大。

■ 用户最后一次购买距今时长：用户最后一次购买距今时长越长，用户购买的概率就越小。

■ 用户昨日搜索次数/用户 $T-7$ 日内搜索次数/用户 $T-30$ 日内搜索次数：用户昨日搜索次数、用户（$T-7$）日内搜索次数和用户（$T-30$）日内搜索次数与当日购买概率呈现一定的正向相关的关系。但是 T 越大，这种相关关系就越弱。

● 用户本身的人口学因素。

■ 性别：男性购买意愿相对于女性会更高，针对不同的品类会略有区别。男性在手办的购买转化率上会非常高；而女性在盲盒和萌系产品的购买转化率上会比较高。

■ 地域：一线城市用户相对于二线、三线城市用户的购买意愿更强。

● 心理因素。

用户购买行为受到比较多的因素影响，与其活跃、经济水平、兴趣等因素都相关。购买行为是一个有监督的复杂场景，因此需要构建分类模型来进行预测。

第2步是**内容生成**。

数据分析师贾森将分析的结论和特征筛选的建议反馈给算法工程师，算法工程师在此基础上构建了一个逻辑回归模型，用于对用户的购买行为进行预测。逻辑回归模型的理论知识在后文会详细介绍，就不在此赘述了。

图8-14展示了具有购买意愿的用户的画像标签。

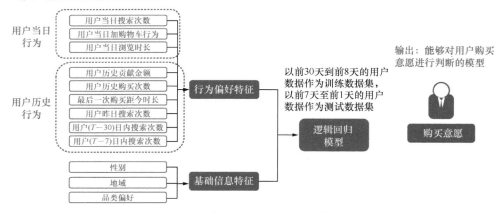

图 8-14 具有购买意愿的用户的画像标签

具体而言，算法工程师以前30天到前8天的用户数据作为训练数据集，以前7天至前1天的用户数据作为测试数据集来训练和修正模型。

根据训练出来的模型，算法工程师对模型在测试数据集中的验证结果如图8-15所示。

图 8-15 算法工程师对模型在测试数据集中的验证结果

从这个结果来看，模型的效果一般，但可以应用于线上策略或者活动。后面会对以上4个结果进行解读。

第3步是**对外输出**。

在获得了这个模型之后，数据分析师贾森希望能够通过一个项目测试一下，看一下"购买意愿"标签是否能够赋能业务。于是贾森将模型相关的内容和数据表现分享给产品经理和运营人员。经过充分沟通，他们设计了如下策略。

针对购买意愿高但是搜索之后2h内未下单的用户发放代金券，刺激他们转化，因为购买意愿高的用户是确实有需求的一群人，这群人从购买流程中流失的比例并不算太小。如果能对他们进行挽回，将能在一定程度上提高购买转化率。

通过这一策略，Panda公司的购买转化率从13%提升到了17%。

生成用户画像标签的算法模型有许多种，我们在这里介绍上文案例中使用的一种简单的算法模型——逻辑回归模型。

4. 逻辑回归模型简介

逻辑回归模型是一种非常常见的分类模型，常用于数据挖掘、疾病自动诊断、经济预测等领域。在传统的金融企业中，逻辑回归模型用来判断用户是否有违约风险。

在构建"购买意愿"标签的过程中，我们利用逻辑回归模型从历史用户特征和行为中找到某种规律，然后利用这个规律判断新用户是否有购买意愿。

逻辑回归模型在很多书中介绍过，通常伴随大量的公式和推理过程。下面会展示一些简单的数学公式。讲模型，就肯定不能完全抛开公式。我们尽量不死记硬背，而要理解公式的原理。

关于逻辑回归模型，我们需要理解的关键点有 3 个。

第 1 个关键点如下。

逻辑回归模型是将对事物分类的任务——判断"是"或者"否"转化为判断"是"的概率和"否"的概率的模型。

概率代表着事物发生的可能性，是 0～1 的一个数值。而逻辑回归模型实际上要把一个分类问题转化为一个求 $y = 0$ 或者 $y = 1$ 的概率问题。逻辑回归模型表达的是一种条件概率。逻辑回归模型是一种分类模型，分类模型的基本表现是下面的公式：

$$P\left(y = 1 \middle| \boldsymbol{x}; \boldsymbol{\theta}\right) = h_{\theta}(x)$$

$$P\left(y = 0 \middle| \boldsymbol{x}; \boldsymbol{\theta}\right) = 1 - h_{\theta}(x)$$

构建逻辑回归模型要求的概率就是 $P\left(y = 1 \middle| \boldsymbol{x}; \boldsymbol{\theta}\right)$ 和 $P\left(y = 0 \middle| \boldsymbol{x}; \boldsymbol{\theta}\right)$。式中，$P(.)$ 代表概率。$P(.)$ 里面包含 $y = 1$ 就代表 $y = 1$ 的概率。

$P\left(y = 1 \middle| \boldsymbol{x}; \boldsymbol{\theta}\right)$ 可以理解为"在 $\boldsymbol{x}$ 和 $\boldsymbol{\theta}$ 两个参数给定的条件下，$y = 1$ 的概率"。

$P\left(y = 0 \middle| \boldsymbol{x}; \boldsymbol{\theta}\right)$ 的含义就是"在 $\boldsymbol{x}$ 和 $\boldsymbol{\theta}$ 两个参数给定的条件下，$y = 0$ 的概率"。

公式的右边是一个函数，函数其实构建了自变量和因变量的关系。在构建"购买意愿"用户画像标签的案例中，因变量是刚才讲到的条件概率 $P\left(y = 1 \middle| \boldsymbol{x}; \boldsymbol{\theta}\right)$，自变量 $\boldsymbol{x}$ 是一个矩阵，是一张表，表中的字段包括用户当日搜索

次数、用户当日加购物车次数、用户当日浏览时长等。这张表是一张 n 行 m 列的二维表。n 是数据集中样本数，m 是我们选取的特征个数。

$\boldsymbol{\theta}$ 实际上是由 m 个特征权重组成的向量，也就是 m 个特征对我们做出用户是否有购买意愿判断的一种信息贡献程度。

这是我们理解逻辑回归模型的第 1 个关键点。逻辑回归模型是把问题抽象成一个求概率的问题，其目标是求一个条件概率。

理解逻辑回归模型的第 2 个关键点是什么呢？逻辑回归模型实际上构建的是分类为 1 或者 0 的概率和我们输入指标之间的关系。也就是上文中提到的 $h_{\theta}(x)$。

上文中 $P(y=1|\boldsymbol{x};\boldsymbol{\theta})=h_{\theta}(\boldsymbol{x})$ 是分类模型的基本形式。有很多种分类模型，不同的分类模型的差别在于 $h_{\theta}(\boldsymbol{x})$ 不同，也就是构建自变量和因变量关系的方式不同。

在逻辑回归模型里面，$h_{\theta}(\boldsymbol{x})$ 满足这样一个公式：

$$h_{\theta}(\boldsymbol{x}) = \frac{1}{1+\mathrm{e}^{-\theta^{\mathsf{T}}x}}$$
$$= \frac{1}{1+\mathrm{e}^{-(\theta_0+\theta_1 x_1+\theta_2 x_2+\theta_3 x_3+\theta_4 x_4+\cdots)}}$$

这个公式看起来比较复杂，但是它可以转换为一个简单的线性函数，我们要试着理解一下这个公式背后的含义。

首先，我们可以从 $\boldsymbol{x}$ 与 $P(y=1|\boldsymbol{x};\boldsymbol{\theta})$ 的关系来理解上面这个公式。θ 是权重，$\boldsymbol{x}$ 是自变量。在这个公式里面，如果某个自变量 $\boldsymbol{x}_i$ 的权重 $\boldsymbol{\theta}_i$ 是负数，那么 $\boldsymbol{x}_i$ 越大，$y=1$ 的概率就越小；如果某个自变量 $\boldsymbol{x}_i$ 的权重 $\boldsymbol{\theta}_i$ 是正数，那么 $\boldsymbol{x}_i$ 越大，$y=1$ 的概率就越大。权重 $\boldsymbol{\theta}_i$ 的大小实际上与 $y=1$ 的概率的大小是正相关的。

其次，我们可以从函数图像的角度理解这个公式。为了简单起见，假设 $\boldsymbol{x}$ 是一个一维向量。

如图 8-16 所示，对于一维变量，这个函数的图像是一个漂亮的 S 形曲线，这个 S 形曲线的横轴坐标代表自变量 x 的大小，纵轴坐标代表概率 $P(y=1)$。

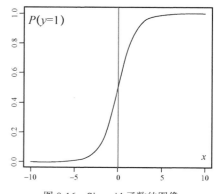

图 8-16　Sigmoid 函数的图像

假定在 $P(y=1)$ 这个概率为 0.5 的这个点时向 x 轴画一条垂线作为临界线，那么 x 一旦大于临界值之后，随着 x 的进一步扩大，$P(y=1)$ 就会迅速地趋于 1；如果 x 小于临界值，随着 x 的进一步缩小，$P(y=1)$ 会迅速地趋于 0。所以 S 形曲线可以使我们很容易利用一个概率进行分类判断——只需要将这个概率值和一个临界值相比较就可以了。刚才这个帮助我们进行判断的临界值称为决策边界，这个数值会帮助模型做判断和决策。

理解逻辑回归模型的第 3 个关键点是通过对概率做一定的转化，我们可以得到 θ 与 x 的线性关系。

线性关系有很强的可解释性，这也是逻辑回归模型非常难能可贵的一点。线性关系 $y=ax+b$ 在坐标系中可表示为一条直线，a 是该直线的斜率。线性关系的好处是斜率的意义很容易理解：斜率可以理解为在其他条件不变的情况下自变量 x 每变动一个单位所引起的 y 的变动量。

逻辑回归模型从图像上建立的关系虽然是一个 S 形曲线，但这个关系不够直观。不过我们还可以通过下面这个转化过程得出 θ 和 x 的线性关系。

$$
\begin{aligned}
\ln(x) &= \ln\left[\frac{P(y=1\,|\,\boldsymbol{x}\,;\,\boldsymbol{\theta})}{P(y=0\,|\,\boldsymbol{x}\,;\,\boldsymbol{\theta})}\right] = \ln\left[\frac{h_{\theta}(x)}{1-h_{\theta}(x)}\right] \\
&= \ln\left[\frac{1}{1+e^{-\theta^{\mathrm{T}}x}} \div \left(1-\frac{1}{1+e^{-\theta^{\mathrm{T}}x}}\right)\right] \\
&= \ln(e^{\theta^{\mathrm{T}}x}) \\
&= \boldsymbol{\theta}^{\mathrm{T}}x = \theta_0 + \theta_1 x_1 + \theta_2 x_2 + \theta_3 x_3 + \theta_4 x_4 + \cdots
\end{aligned}
$$

上述转化过程中，$\dfrac{P(y=1\,|\,\boldsymbol{x}\,;\,\boldsymbol{\theta})}{P(y=0\,|\,\boldsymbol{x}\,;\,\boldsymbol{\theta})}$ 称为赔率，赔率代表判断为 1 的概率与判断为 0 的概率的比值。赔率越大，说明我们越可以将样本判断为 1。经过这个转化过程，我们就能够得到参数 x_i 和赔率的量化关系：第 i 个特征改变 1 个单位将会使赔率改变 e^{θ_i} 个单位。

以上介绍了关于理解逻辑回归模型的 3 个关键点。你可以结合更加专业的算法书和上面的描述来理解这个模型。

根据分析和刚才介绍的逻辑回归模型，我们构建了如下分类模型：

$$
\ln(x) = \ln\left[\frac{P(y=1\,|\,\boldsymbol{x}\,;\,\boldsymbol{\theta})}{P(y=0\,|\,\boldsymbol{x}\,;\,\boldsymbol{\theta})}\right] = \beta_0 + \beta_1 \mathrm{sct} + \beta_2 \mathrm{tct} + \beta_3 \mathrm{duration} + \beta_4 \mathrm{totolamount}
$$

式中，$P(y=1|\pmb{x};\pmb{\theta})$代表基于参数判断某一个用户会购买的概率；$P(y=0|\pmb{x};\pmb{\theta})$则代表基于参数判断某一个用户不会购买的概率；sct是某用户的用户当日搜索次数；tct是用户当日加购物车次数；duration是该用户当日浏览时长；totalamount代表该用户历史消费总金额……；$\beta_i(i=0,1,2,3,4)$则是自变量的权重和常数项。

我们将这个模型写成了经过对数转化之后的线性形式，方便理解。

然后，我们可以在训练数据集上训练模型。在这里，训练模型的过程由于涉及比较多的数学推理，就不赘述了。读者只需理解，训练逻辑回归模型的过程其实就是找到最优的权重的过程。

5．模型评估

当模型训练完成之后，我们需要用测试数据集去验证我们模型的好坏。既然是验证模型的好坏，我们就需要有验证的标准。

我们通常验证分类模型效果的方法有两种：一种是基于混淆矩阵的验证；另一种是基于ROC曲线的验证。

图8-17中的这个矩阵称作混淆矩阵。

混淆矩阵应用得非常广泛，如在医学领域的检验中我们常常听到的"阳性"和"阴性"就与混淆矩阵有关。

图8-17 混淆矩阵

混淆矩阵中有阳性（positive）和阴性（negative）、真（true）和伪（false）两个维度。其意义如下。

预测类别为1的为阳性，预测类别为0的为阴性。预测正确的为真，预测错误的为伪。

我们通过阳性和阴性、真和伪这两个维度，可以将所有的预测样本通过混淆矩阵分为如下4种。

- 真阳性（True Positive，TP）：真实值是阳性，模型认为是阳性的预测样本。

- 伪阴性（False Negative，FN）：真实值是阳性，模型认为是阴性的预测样本。

- 伪阳性（False Positive，FP）：真实值是阴性，模型认为是阳性的预测样本。

- 真阴性（True Negative，TN）：真实值是阴性，模型认为是阴性的预测样本。

真阴性和真阳性都是判断正确的部分，伪阴性和伪阳性都是判断错误的部分。

有了这个混淆矩阵之后，我们就可以构建一些指标来描述模型的好坏了。

首先要说的指标是准确率。准确率（precision），用 P 表示，其公式如下：

$$P=TP/(TP+FP)\times100\%$$

这个公式的意义是，模型判定的阳性样本中，有多大比例是真正的阳性样本。

其次是召回率（recall），用 R 表示，有些书中也称查全率，其公式如下：

$$R=TP/(TP+FN)\times100\%$$

这个公式的意义是，模型将多大比例的真阳性样本找了出来。

对于一个模型来讲，准确率和召回率具有此消彼长的关系。如果我们提高模型对阳性的敏感程度，那么准确率将会提高。但是，由于我们过度追求高准确率，因此难以将实际样本中的阳性样本找全，从而降低召回率。而一旦我们追求将所有的阳性样本找全，就必然会降低模型的敏感程度，从而降低准确率。

所以我们还需要一个能够兼顾反映准确率和召回率的指标——F 值，这个指标是准确率和召回率的调和平均数，我们可以将之理解成准确率和召回率的均值。其公式如下。

$$F值=\frac{2}{\frac{1}{P}+\frac{1}{R}}$$

对于 Panda 公司"购买意愿"用户画像标签的案例，准确率表示模型找出来的购买意愿高的用户中有多少是真正会购买的用户，召回率表示真正会购买的用户有多少被模型找出来了。

我们将测试数据集的数据代入模型中，得到的**模型评估**结果如图 8-18 所示。

图 8-18　模型评估结果

准确率为 87.4%，说明模型判断为购买意愿高的用户中，有 87.4% 真正会购买。

召回率为 72.6%，说明有 72.6% 真正会购买的用户被模型找出来了。

6．ROC 曲线

除混淆矩阵的相关指标以外，我们也常常用 ROC 曲线和 AUC（Area Under the Curve，曲线下面积）判断模型的好坏。

ROC 曲线起源于二战时期雷达兵对雷达的信号判断。当时一个雷达兵的任务就是解析雷达的信号。但当时的雷达技术还没有那么先进，存在很多噪声干扰（例如，一只大鸟飞过）。所以每当有信号出现在雷达屏幕上时，雷达兵就需要对其进行破译。此时如何评估雷达的质量成为一个问题。即使使用同一台雷达，不同使用者得出的结果准确性也会有差别。有的雷达兵比较谨慎，只要有信号出现，他就会倾向于解析成敌军轰炸机；有的雷达兵比较疏忽，会倾向于解析成飞鸟。这个时候，雷达兵的领导就不知所措了，他急需一套评估指标来帮助他汇总每一个雷达兵的预测信息并评估这台雷达的可靠性。于是，最早的 ROC 曲线分析方法就诞生了，它用来评估雷达的可靠性。

专家们构建了一套全面衡量雷达可靠性的方法，这种方法不受不同雷达兵的个性化判断的影响，能够综合反映一台雷达的好坏。这个方法就是绘制 ROC 曲线（见图 8-19），并且将不同的雷达兵对信号的判断结果作为散点绘制在相应的位置。

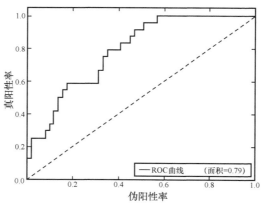

图 8-19　ROC 曲线

图 8-19 中，纵轴表示 TPR（True Positive Ratio，真阳性率），计算公式为 TPR=TP/(TP+FN)，范围是 0～1。实际上这个指标就是前面所提到的召回率，其反映的是雷达兵没有因为疏忽而漏判敌机的概率。散点对应纵轴的值越大，代表漏判的概率越低。

而横轴表示 FPR（False Positive Ratio，伪阳性率），计算公式为 FPR=FP/(FP+TN)，范围也是 0～1，代表某些雷达兵由于过度敏感而误判的概率。散点对应横轴的数值越大，代表由于过度敏感而误判的概率越高。

对于同样一个雷达（对应机器学习中的分类模型），雷达兵越敏感，漏判的概率越低，误判的概率越高；雷达兵的判断标准越宽松，漏判的概率越高，误判的概率越小，所以漏判和误判的概率具有此消彼长的关系。

我们此时将对雷达（模型）具有不同敏感程度的士兵（散点）对应的误判概率和漏判概率用 TPR 和 FPR 两个指标表示并且绘制出曲线，在坐标系中，就得到了一条阶梯状的曲线。误判和漏判的概率随着模型敏感程度变化具有此消彼长的关系。

这条曲线就叫 ROC 曲线，ROC 曲线越凸向左上角，说明模型的质量越好，即要较大幅度地提高召回率只需要较少地提升误判的概率即可。

这条曲线下包络的面积就是 AUC，AUC 是一个非常常见的评估指标。由于 TPR 和 FPR 的取值范围都是 0～1，所以 TPR 和 FPR 取值范围对应图 8-20 中的一个面积为 1 的方块。所以 AUC 作为 ROC 曲线包络的面积，也是 0～1 的一个数字。AUC 越大，说明 ROC 曲线越凸向左上角，模型效果越好。

如果 ROC 曲线在坐标系的对角线上，与图 8-20 中的虚线重合，那么 AUC=0.5，这就说明模型对阳性和阴性的判断结果和随机扔硬币判断的一样，模型失效。

在购买意愿模型的案例中，AUC=0.83，0.83 远大于 0.5，说明模型能较好地判断用户是否会购买。

8.3　用户画像实战

8.3.1　用户画像的本质是差异化

用户画像的目的实际上就是针对不同类型的用户使用不同的策略以促使他们转化。用户画像营销尊重差异化。

【案例8-4】　某直播平台的4个用户画像标签

某直播平台希望对其用户进行差异化经营。于是在数据分析部门的推动下，该平台依照观看时间和打赏金额两个维度对用户进行了分类。图8-20展示了该直播平台的用户类型。

对于观看时间较长且打赏金额较多的用户，平台为他们贴上了"核心金主"的标签。这样一类用户人数少，但是对平台来讲至关重要。每一个"核心金主"用户的流失对于平台来说都是比较大的损失。对于这样一类用户，由专门的贵宾客服人员关注他们的数据涨落，他们对平台的诉求会由专门的团队对接。

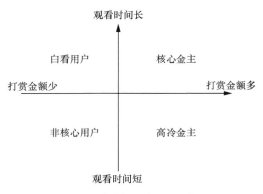

图 8-20　该直播平台的用户类型

观看时间较长但是打赏金额较少的用户在平台内部称为"白看用户"。这类用户虽然没有为平台贡献太多的收入，但是他们为平台提供了人气。所以他们对于平台也是有价值的。平台会为他们设计更加便宜的礼物，引导他们转化。

观看时间较短但是打赏金额较多的用户在平台内部具有"高冷金主"的标签。如果对这类用户维护得当，他们会转化为"核心金主"。所以平台会积极地针对"高冷金主"优化推荐算法，基于他们的兴趣推荐主播，引导他们在平台上花费更多的时间，也会通过举办各种活动如"主播PK"等来吸引他们的眼球。

观看时间短且打赏金额少的用户在平台内部称为"非核心用户"。对于这类用户，暂时不花费太多时间去经营与他们的关系。

通过这种对用户的细分以及实施一段时间的差异化的运营策略，平台无论是在收入还是在人气方面，都有了比较大的提升。

再例如，用户画像中非常著名的 RFM 模型就利用 3 个维度，给不同用户打上了 8 类标签。该模型中的 3 个维度如下。

● 最近一次消费：判断用户当前是不是活跃用户。注意，从这个维度进行分析的时候要对指标进行"反向化"，即这一指标越小，代表用户最近活跃度越高，我们对于这个指标的评分就越高。

● 消费频率：判断用户对成单量的贡献程度。

● 消费金额：判断用户对收入的贡献程度。

我们在获取每个用户在这 3 个维度上的数据之后，针对每个维度取一个阈值（可以是均值、中位数或者某个分位数），将所有用户划分为 8 个类别。进行了分类后，分别对 8 类用户实施差异化的策略。第 4 章已展示过 RFM 模型。表 8-2 列出了 RFM 模型所划分的 8 类用户。

表8-2　RFM模型所划分的8类用户

用户类型	最近一次消费	消费频率	消费金额	描述	策略
重要价值用户	高	高	高	这一部分用户对产品忠诚且活跃，而且贡献巨大，是企业当之无愧的核心用户	尽一切努力服务好
重要保持用户	低	高	高	以前是企业的高贡献、高活跃用户，但是近期交易活跃度下降，有流失风险	"唤醒"
重要发展用户	高	低	高	最近活跃且贡献高，但是消费频率低，消费习惯尚未形成	需要重点识别，挖掘潜力，培养消费习惯
重要挽留用户	低	低	高	为高客单价用户，但是之前不活跃且当前不活跃，属于潜在有价值用户	挽留召回
一般价值用户	高	高	低	之前和当前都活跃，但是收益贡献较低	保持活跃，挖掘需求
一般发展用户	高	低	低	当前活跃但消费频率和消费金额较低，消费习惯尚未形成	培养消费习惯
一般保持用户	低	高	低	历史活跃用户，当前不活跃，且贡献较低	一般维持
一般挽留用户	低	低	低	对企业价值较低且接近流失的用户	暂时搁置

8.3.2　用户画像的优势是"惠而不费"

"惠而不费"是指用户画像这种数据驱动的手段能够花费更少的成本达到更优的营销效果。营销活动的"惠"和"费"如何衡量呢？一般而言，这可以通过营销活动的 ROI 来衡量。

营销活动的ROI=营销活动的提升收益/营销活动成本

营销活动的提升收益可以用 A/B 测试中实验组相对对照组的净提升来衡量。而营销活动成本则包括营销活动中折扣成本、触达成本等。其中折扣成本是指诸如代金券、优惠券等对总收入的扣减值。触达成本是指触达用户所需要花费的边际成本之和，例如，如果通过短信触达用户，那么短信的资费成本就是触达成本；如果通过电话进行营销，那么客服人员的通话成本就是触达成本。

用户画像为什么能够达到惠而不费的效果呢？因为用户画像能够针对用户的偏好和特点产生有的放矢的精准策略。

【案例8-5】 用户画像提升"搜而不买"用户转化率

Panda 公司的用户中有大量"搜而不买"的用户。该公司从搜索到购买的转化率只有14%左右。在搜而不买的用户中，有35%的用户搜索了多次而没有购买。

产品经理和运营人员希望能减少"搜而不买"的用户占比，提升搜索到购买的转化率。于是针对搜而不买的用户发放了20元代金券。但是收效甚微，转化率仅仅提升了1%，还花费了大量的成本。

产品经理和运营人员找到了数据分析师，希望能够对搜而不买的用户进行精细化运营。数据分析师针对搜而不买的用户进行了分析，按照搜索次数和搜索品类数量将其分成3类。

第1类用户是闲逛类用户。

这类用户当天搜索多次，搜索内容涵盖多个品类。这类用户可能是像逛街一样漫无目的地闲逛。这类用户占搜而不买用户的18%。

系统会统计该类用户在每一个商品详情页的浏览时长，并且在次日针对该类商品在次日给用户发送一条短信："已经有××××人购买了×××商品，赶快下单吧。"通过这种方式激发用户从众心理来提升用户的转化率。

第2类用户是需求明确的用户。

这类用户当天搜索多次，搜索内容仅涵盖单个品类。这一部分用户搜索的都是同样的品类，说明该用户对于这种产品有明确的需求。这类用户占用户的17%左右。

这类用户搜而不买的原因可能有两个：一是用户嫌产品太贵；二是用户比较挑剔，希望买到真正质量较好的产品。于是针对需求明确的用户，数据分析师利用另一个用户画像标签——"价格敏感度"标签进一步做了细分，将其分为价格敏感且需求明确的用户和价格不敏感且需求明确的用户。

针对价格敏感且需求明确的用户，在次日给其发放无门槛20元代金券。

针对价格不敏感且需求明确的用户，在次日给其推送对应品类的"精品榜单"。

第3类用户是弱需求用户。

这类用户当天只搜索了一次且没有消费，这说明他们的需求不那么强烈。数据分析师建议可以暂时搁置，不对这部分用户制定策略。

通过这种差异化的策略，该公司代金券成本仅约为之前的20%，而转化率提高了3%。图8-21展示了搜而不买用户的细分与策略。

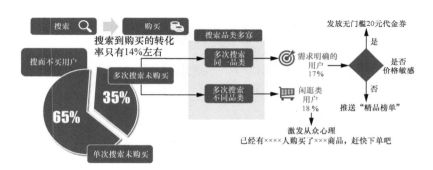

图 8-21 "搜而不买"用户的细分与策略

8.3.3 用户画像需要积少成多

用户画像是针对某一细分人群的数据赋能工具，而不是针对全体用户的。每一个细分的用户画像标签可能真正覆盖的有效人群并没有特别大的规模。用户画像这种工具常常是针对很多细分人群分别进行营销的。每个细分人群的规模和营销效果增量可能都不是非常大（但是可以保证费而不惠）。最后将各营销活动的效果累加起来，形成比较好的效果。

8.3.4 用户画像体系要服务场景

对于一个企业来讲，搭建用户画像体系有 3 种路径。

- 自上而下型。企业有可能一开始就规划了用户画像体系的整个蓝图，然后基于体系构建标签按图索骥，逐步完善体系。

- 自下而上型。企业也有可能基于底层业务需求，首先构建一个又一个的标签，然后汇总为一个体系。

- 混合型。既有自上而下的初步规划，也会根据实际场景构建许多能解决当前问题的用户画像标签。

在实际操作过程中，一般来讲，用户画像体系的搭建路径以自下而上型和混合型为主，以自上而下型为辅。为什么以自下而上和混合型为主呢？因为用户画像体系是基于实实在在的业务场景搭建的，是为具体业务目标服务的。一般在企业中用户画像标签构建的过程是这样的：首先，确定一个业务目标；然后，数据分析师、算法工程师和产品经理等角色构思需要什么样的用户画像标签来构建千人千面的策略；最后，形成标签并且应用、验证。

8.3.5 利用用户画像需要遵循"不作恶"原则

"不作恶"是谷歌公司的一句口号，但适用于一切企业。技术是用来使人们的生活变得更加美好的。

与用户画像相关的营销手段或者推荐算法都是科技企业的重要工具。

利用用户画像可以为用户提供更加体贴的策略，但并不意味着企业可以打着用户画像的幌子滥用用户信息。

利用用户画像可以针对用户偏好、特征进行差异化运营，但并不意味着企业可以打着用户画像的幌子施行"价格歧视"。

利用用户画像可以帮助企业提高营销成果，但并不意味着企业可以打着用户画像的幌子唯利是图、助长行骗者的气焰。

第 9 章　数据可视化与 Tableau 操作

9.1　数据可视化概述

9.1.1　什么是数据可视化

数据可视化是关于数据视觉表现形式的科学技术研究，其目的在于借助图形化手段，清晰、有效地传达与沟通信息。数据可视化是数据科学中非常重要的部分。

人的大脑天生热爱视觉思维，不爱抽象思维，所以才有一句俗语"一图胜千言"。我们在日常工作中面对密密麻麻的数字通常会不知所措。如果把数字转化成图表或者信息图，我们常常会更容易接受一些。

图 9-1（a）和（b）都试图通过数据向你传达一些信息，你更愿意通过哪一种方式进行深入了解呢？相信大部分人会选择图 9-1（b）。

	sepal_length	sepal_width	petal_length	petal_width	species
0	5.1	3.5	1.4	0.2	setosa
1	4.9	3.0	1.4	0.2	setosa
2	4.7	3.2	1.3	0.2	setosa
3	4.6	3.1	1.5	0.2	setosa
4	5.0	3.6	1.4	0.2	setosa
...	...	...	...	...	...
145	6.7	3.0	5.2	2.3	virginica
146	6.3	2.5	5.0	1.9	virginica
147	6.5	3.0	5.2	2.0	virginica
148	6.2	3.4	5.4	2.3	virginica
149	5.9	3.0	5.1	1.8	virginica

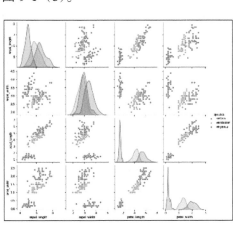

（a）密密麻麻的数字　　　　　　　　　　（b）可视化的图形

图 9-1　密密麻麻的数字与可视化的图形

9.1.2 常用的数据可视化工具

"工欲善其事，必先利其器。"数据分析师常用的数据可视化工具有哪些呢？

1．Excel

Excel 应该是绝大部分数据分析师接触的第一款可视化工具，它在可视化领域占据重要的地位。微软公司第三任 CEO Satya Nadella 说过："Excel 才是微软最引以为傲的产品，是微软的最佳象征。"

Excel 的使用门槛较低，不需要任何代码基础即可作图。但同时，Excel 并不因为其使用门槛较低而在可视化表现力方面"打折扣"。只要投入匠心，就能够使用 Excel 绘制出非常精美的图表。图 9-2 展示了使用 Excel 制作的图表。

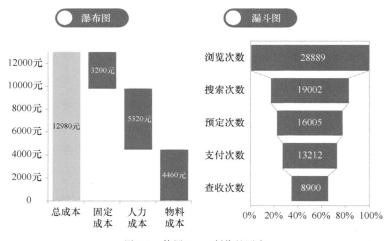

图 9-2　使用 Excel 制作的图表

当然，选择 Excel 作为可视化工具也有一些缺点，例如，作图效率不高，默认样式不够美观等。但是在 Power BI 问世以后，它在一定程度上弥补了 Excel 的这些不足。

2．Python 和 R

当然，对有一定代码基础的数据分析师而言，Python 和 R 可能是他们的重要工具。

Python 可视化中比较有名的扩展包是 Matplotlib 和 Seaborn。Matplotlib 是

Python 中类似于 MATLAB 的绘图工具，能够绘制出非常专业的图表。而 Seaborn
在 Matplotlib 的基础上进行了更好的封装，让我们能够更快、更好地绘制出图表。
图 9-3 展示了利用 Python 中的 Matplotlib 和 Seaborn 绘制的图表。

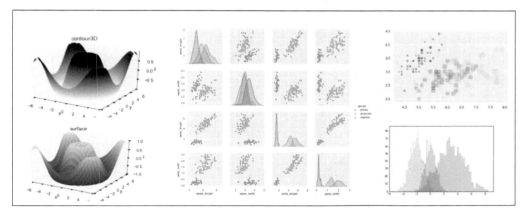

图 9-3　利用 Python 中的 Matplotlib 和 Seaborn 绘制的图表

R 的可视化扩展包 ggplot2 有非常优秀的平面可视化效果。ggplot2 的基本思想
是图层的叠加，从 ggplot2 的一个基础绘图函数出发，通过不断叠加绘图元素，最
终构成一幅完整的图表。图 9-4 展示了利用 R 中的 ggplot2 绘制的图表。

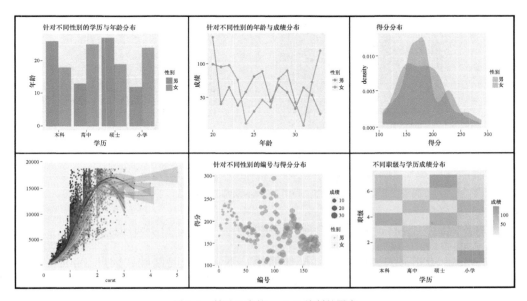

图 9-4　利用 R 中的 ggplot2 绘制的图表

利用 Python 和 R 绘制的图表虽然专业、美观，但是使用该工具需要有一定的代码基础，并且在绘制图表的过程中，会有很多参数需要调整，操作复杂。

3．Tableau

对于数据分析师而言，还有一款功能强大而且不需要代码基础的可视化工具——Tableau。这款工具操作简单，仅仅通过拖曳就可以绘制非常专业、精美的数据可视化图表。Tableau 支持丰富的可视化展现方式。图 9-5 展示了利用 Tableau 绘制的一些图表。

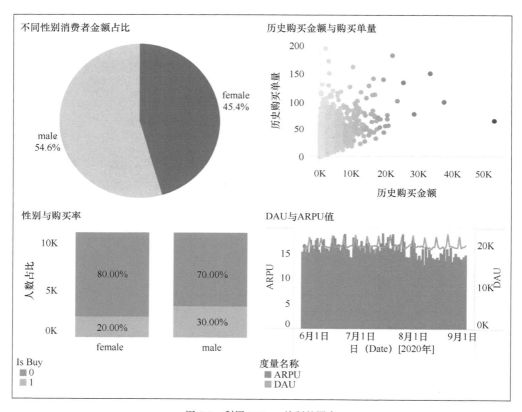

图 9-5　利用 Tableau 绘制的图表

与此同时，Tableau 提供了多种数据连接方式，并且能快速地处理数据。

Tableau 功能强大，效率高，操作简便，不需要代码基础，因此 Tableau 非常适合初、中级数据分析师学习和使用。本章会详细介绍 Tableau，以帮助数据分析师更好地使用可视化工具。

4．其他第三方可视化工具

另外，FineReport、EChart、BDP 等也是非常优秀的可视化工具，这里就不再一一介绍了。

9.1.3 好的数据可视化方案

数据可视化方案的"生产者"是数据分析师，"消费者"是数据信息的使用者（如产品经理、运营人员、业务团队主管等），数据可视化实际上就是在这二者之间架起一座信息传递的桥梁。

好的数据可视化方案要满足如下两个特征。

- 准确、高效地传达信息。这是数据可视化方案需要完成的首要目标。准确性是数据可视化方案的生命线，高效传达信息是数据可视化方案的使命。

- 形象地展示信息。如果信息展示死板、冗杂，让数据信息使用者没有兴趣去了解可视化信息，那么制作可视化图表就是徒劳的。

1．准确、高效地传达信息

数据可视化的终极目标是将数据中蕴含的信息准确、高效地传达给数据信息使用者。许多数据可视化方案单纯追求炫酷，但用户很难很快地获得图表中的信息。专业的数据分析师不会在动态图、三维效果图等上花费太多时间。这样的数据可视化方案很可能是华而不实、徒有其表的。

准确传达信息是指数据可视化方案不会误导数据信息使用者。

很多数据信息使用者会认为"数据会说谎"。

人类的视觉是非常容易"上当"的，人们经常会在一些情况下出现错觉，这就给了那些希望通过数据可视化蒙蔽数据信息使用者的人可乘之机。一个常见的误导数据信息使用者的伎俩是"扭曲刻度"。

例如，在数据可视化方案经常会调整纵坐标轴的数据范围使其并不从 0 开始，从而夸大变化的幅度。我们可以看看如下一个案例。

【案例9-1】"坐标轴会说谎"

Fox公司销售部门负责人特里汇报该公司的销售收入趋势，销售收入趋势（经过调整坐标轴后的数据）如图9-6所示。

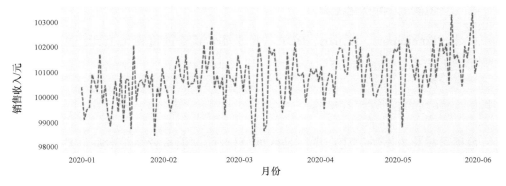

图 9-6　某公司销售收入趋势（经过调整坐标轴后的数据）

从图9-6中可以看出，销售收入从2020年1月以来是呈现增长趋势的，仅仅波动较大。但是数据分析负责人威廉发现，这张趋势图调整了纵坐标轴的数据范围：纵坐标轴的数据范围调整为98000～103000元。这个数据范围使得该趋势图有误导数据信息使用者的嫌疑。于是数据分析负责人威廉还原了纵坐标轴的数据范围（见图9-7）。从图9-7中可以看出，2020年1月以来的销售收入非常稳定，几乎没有显著增长。

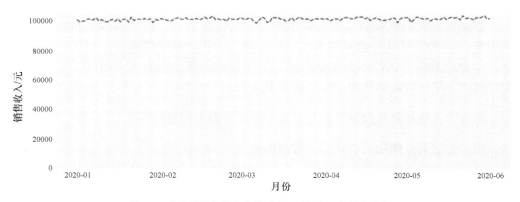

图 9-7　某公司销售收入趋势（未经过调整坐标轴的数据）

专业的数据分析师是不应该通过扭曲刻度来愚弄数据信息使用者的。因此，数据分析师应该记住：除非有充足的理由，否则不要使用从非零开始的纵坐标轴。

除避免用图表误导数据信息使用者之外，我们还需要注意图表要素（见图9-8）的完整和准确。例如，一张图表必须要有图表标题、横/纵轴的数据刻度及数据单位。如果一张图中有多个系列，需要有图例；如果引用数据，还需要有数据来源和指标说明等。

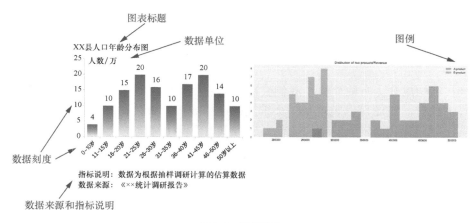

图 9-8　图表要素

高效地传达信息是指我们要尽量降低受众的理解成本。

我们要针对数据可视化方案做熵减,要降低数据信息使用者的理解成本。

作为数据可视化方案的生产者,为了降低受众对图表的理解成本,我们首先要针对待传达的信息选择恰当的展现方式。数据分析师日常可能需要借助图表传达比较排序、结构成分、频率分布、关联性和时序趋势五大类信息。一般情况下,我们要根据需要表达的信息内容选择合理的可视化展现方式,如图 9-9 所示。

图 9-9　可视化展现方式的选择

可供参考的选择如下。

- **比较排序**。我们一般用条形图或柱状图表现比较和排序。值得说明的是，在制作柱状图或者条形图之前，先对数据按降序进行排序，会使图表看起来更清晰。

- **结构成分**。一般而言，我们会用饼图、堆积图、百分比堆积图等表现结构成分。饼图可以表现某一个维度的结构**成分**。百分比堆积图可以表现随着时间变化而发生的结构变化，也可以表现两个维度的交叉结构成分。

- **频率分布**。我们表现频率分布的时候，可以采用直方图、箱线图和散点图。

- **关联性**。我们可以通过观察折线图中多条折线的变化趋势是否相同，判断折线所代表的数字是否相关。我们也可以通过散点图观察两个维度（x轴代表的维度和y轴代表的维度）的相关性。

- **时序趋势**。横轴是日期、时间的柱状图和折线图都可以表现序列的变化趋势。我们可以通过堆积图和百分比堆积图表达随着时间的变化，数据分布的结构是不是同时发生变化。

当然，除这些基础的可视化展现方式之外，还有风琴图、雷达图、南丁格尔玫瑰图、词云图和热力图等更加复杂的可视化展现方式。

无论我们选择哪种展现方式，能够帮助绘图者准确、快速地表达数据背后的信息都是最终目标。展现方式一定要合理、准确，不能"图不达意"。

除通过选择合适的展现方式降低数据信息使用者的理解成本之外，我们还可以通过突出重要信息的思路提高数据可视化方案的信息传递效率。突出重要信息意味着使图表保持简单和直接。在产品的设计领域和用户体验领域，有一个 KISS原则，即"Keep It Simple，Stupid"（保持简单和直接）。这里的"直接"是指不需要过多的思考就能理解，有智能（smart）的意思。数据分析师的可视化图表也需要达到"直接"的效果——不需要受众过多的思考就能获得图表中的信息。

具体而言，我们可以从 3 个方面入手。

首先，坚持"少就是多"。

图表一定要简洁，让人一目了然地获取信息。

一张图表不能展示过多的系列、过多的颜色，否则会显得非常乱。例如，图 9-10中的折线图由于系列太多，折线交织在一起，因此数据信息使用者难以获取有价值的信息。

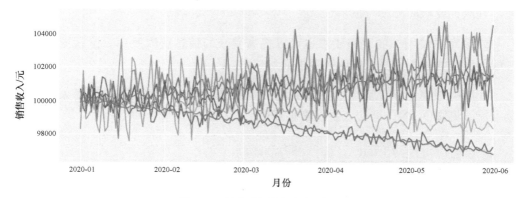

图 9-10　折线图中曲线系列不宜过多

因此，在绘制折线图的时候，遵循这样一条规则：绘制折线图时曲线系列不宜过多，6 条以下为宜。如果过多，则考虑分开作图或者去掉、合并其中一些曲线系列。

再例如，饼图的绘制中也有类似的规则：绘制饼图时系列尽量少于 5 个，占比较小的系列可以合并归类为"其他"。最好只有 2 到 3 个系列。

如果违反这条规则，可视化方案就杂乱不堪。图 9-11 所示是某公司在各地区销售收入占比的饼图。该图中的系列（扇形区）过多，我们很难从中获得什么信息。

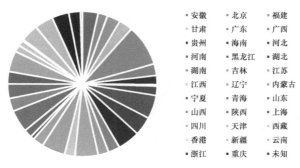

安徽	北京	福建
甘肃	广东	广西
贵州	海南	河北
河南	黑龙江	湖北
湖南	吉林	江苏
江西	辽宁	内蒙古
宁夏	青海	山东
山西	陕西	上海
四川	天津	西藏
香港	新疆	云南
浙江	重庆	未知

图 9-11　饼图中的系列不宜过多

"少就是多"原则还体现在数据可视化方案的配色方案上。数据分析师在进行数据可视化方案配色的时候要尽量克制，尽量不要使用太多色系的颜色，以免让人眼花缭乱。配色的原则会在后面详细介绍。

其次，要顺应阅读习惯。

许多对图表细节的严格要求也可以提高受众的信息获取效率。这些图表细节一般而言是为了顺应受众的阅读习惯而形成的。

我们一般愿意从上到下、从左到右和顺时针阅读。如果图表顺应了人们的阅读习惯（见图 9-12），会让人看起来很舒服。

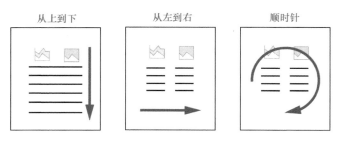

图 9-12　人们的阅读习惯

例如，表现对比关系的数据可视化方案需要按照倒序排列，以降低用户的理解成本。

我们针对某公司在全国多个地区的消费者的平均消费金额绘制条形图，如图9-13（a）所示。该图看起来比较杂乱。然后我们将该图中的数据排序，这样看起来会更清晰，如图9-13（b）所示。

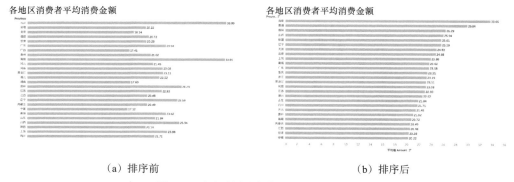

（a）排序前　　　　　　　　　　　（b）排序后

图 9-13　有序地展示会减少用户的理解成本

绘制饼图的时候，也需要注意类似的细节。如图 9-14 所示，绘制饼图的时候，数据最好也要从大到小排列，最大的扇形区从 12 点位置开始，顺时针排列，这样会更符合阅读习惯。

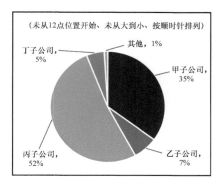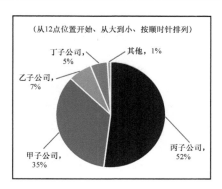

（a）排序前　　　　　　　　　　　　　　（b）排序后

图 9-14　绘制饼图也需要关注阅读习惯

最后，通过色彩强调信息。

配色方案对于数据可视化而言非常重要。好的可视化配色方案能够帮助数据信息使用者更清晰地读出图表中的信息。首先，注意，在一张图中不能安排太多颜色。如果色彩太多，我们反而获取不了关键的信息。

其次，我们要善用相邻色和对比色。什么是相邻色和对比色呢？一般我们认为色系比较接近的颜色是相邻色，而色系差异比较大的颜色是对比色。图 9-15 中右侧是一个色盘。在 Windows 系统的 Office 软件中填充颜色的时候，单击"其他颜色"选项，会弹出这个色盘。

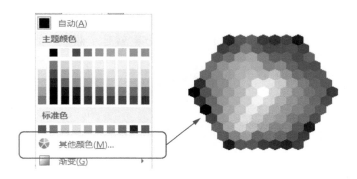

图 9-15　Windows 系统的 Office 软件自带的色盘

如图 9-16 所示，在这个色盘上比较邻近的色系的颜色就是相邻色，如蓝色和紫色；在色盘中处在对角线上的色系的颜色是对比色，如蓝色和黄色。

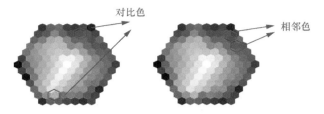

图 9-16 对比色与相邻色

对于我们希望强调的序列，我们要采用对比色突出显示；而对于其他序列，我们一般采用同一个色系的颜色或者相邻色。

数据可视化方案中常用的配色方案有两种。

第一种是"蓝+橙/黄"，如图 9-17 所示。

图 9-17 保费收入增长趋势（蓝色与橙/黄色搭配的绘图效果）

在咨询行业中，易观国际使用的报告配色方案就是"蓝+橙/黄"。

第二种是"绿+黄"，如图 9-18 所示。

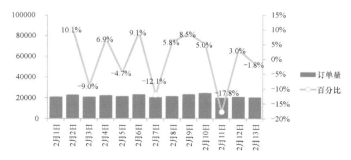

图 9-18 某公司订单量及订单量百分比日变化率（绿色与黄色搭配的绘图效果）

在咨询行业中，艾瑞咨询使用的报告配色方案就是"绿+黄"。

当然，还有许多其他的经典配色方案，读者有兴趣可以自行探究。在研究可视化配色方案的时候，咨询报告、商业评论杂志等都是比较好的研究模板。

2．形象地展示信息

如果一篇数据分析报告或者一张仪表板中通篇使用传统的可视化展现方式（条形图、饼图、折线图等），就容易引起数据信息使用者的审美疲劳。生动、有趣的可视化展现方式能够更好地引起数据信息使用者的关注，从而获得更好的信息传达效果。

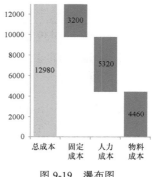

图 9-19　瀑布图

例如，我们不仅可以采用饼图，还可以通过瀑布图（见图 9-19）展示信息。

但是需要注意的是，对于一个好的可视化展现方式而言，"形象地展示信息"远远不如"高效、准确地传达信息"重要。高效、准确地传达信息永远是可视化方案的首要目标。我们在构建可视化方案的时候，切忌本末倒置。

9.2 Tableau 数据可视化基础

9.2.1　Tableau 简介

Tableau 公司是一家为企业提供可视化服务的商务智能软件提供商，成立于 2003 年。其产品在数据可视化领域家喻户晓。近年来，Tableau 公司针对企业的数据可视化需求，提供了一系列的产品，来为企业进行数据赋能。

本节首先介绍 Tableau 公司旗下一款著名的产品——Tableau Desktop。

Tableau Desktop 是一款可以帮助数据分析师快速构建可视化方案并分享数据信息的工具。Tableau 官方网站上评价其为"所有人都能学会的业务分析工具"。数据分析师在 Tableau Desktop 中连接所需数据源后，通过拖曳的方式就能构建所需的可视化图表，并且可以发布到 Tableau Online 或者 Tableau Server 上。Tableau Desktop 还提供了非常全面的数据连接方式，并且能够实现数据源的动态更新。与此同时，Tableau Desktop 的效率也极高，其数据引擎速度非常快，处理数亿条数据也仅仅需要数秒时间。

Tableau Desktop 有如下特点。

- 智能：支持无编码拖曳式操作，开箱即用，快速制图，内置美观的可视化图表，不用考虑配色和格式。

- 体贴（considerate）：支持与大量数据连接，具有强大的权限管理功能，资源多。

Tableau Desktop 赢得了许多数据分析师的青睐。

除 Tableau Desktop 之外，Tableau 家族中许多其他的成员也可以帮助我们高效地处理数据。

Tableau Prep Builder（见图 9-20）是 Tableau 产品套件中的一个新工具。数据分析师可以使用 Tableau Prep Builder 合并、调整和清理数据，以便在 Tableau Desktop 中进行分析。

图 9-20 Tableau Prep Builder

数据分析师可以通过 Tableau Online 将自己的可视化作品托管在云端的分析平台。数据分析师可以发布仪表盘并与其他人共享自己的结论，所有内容均可通过浏览器轻松访问，或借助移动应用随时随地查看。

Tableau Server 是 Tableau 系列产品中的服务器端产品，可以轻松跟踪和管理内容、用户、许可证和性能。它可以快速管理数据源和内容的权限，直观监控使用情况，随时进行纵向、横向扩展。数据分析师可以将自己的可视化作品通过 Tableau Server 部署到本地或者私有云上。

对于 Windows 系统，Tableau 官方给出的 Tableau Desktop 对系统要求如下：

- 版本是 Windows 7 或更高版本（64 位）；
- 具有 Intel Pentium 4 或 AMD Opteron 处理器或更快的处理器；
- 至少具有 2GB 内存；
- 至少具有 1.5GB 可用磁盘空间。

对于 macOS，Tableau 官方给出的 Tableau Desktop 对系统要求如下：

- 版本是 iMac/MacBook 2009 或更高版本；
- 兼容 macOS High Sierra 10.13、macOS Mojave 10.14 和 macOS Catalina 10.15；
- 至少具有 1.5GB 可用磁盘空间。

我们可以在 Tableau 官方网站下载 Tableau Desktop 的免费试用版，如图 9-21 所示。

图 9-21 Tableau Desktop 官方网站下载页面

下载完成之后，我们进入安装过程。我们按照安装过程的指引进行安装即可。

Tableau Desktop 安装完成之后，进入"激活 Tableau"页面。我们可以选择"立即开始试用（T）"和"激活（A）"两个选项。选择"激活（A）"选项之后，通过输入产品密钥获得产品使用权。产品密钥需要付费购买。

选择"立即开始试用（T）"选项，我们会进入用户注册界面，我们在填写完用户注册信息后单击"注册"按钮，再单击"继续"按钮，就完成了注册。此时会出现 Tableau Desktop 的主界面，如图 9-22 所示。

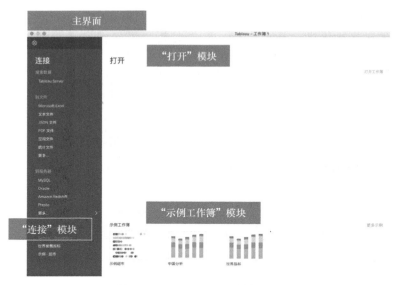

图 9-22　Tableau Desktop 的主界面

主界面分成 3 个模块——"连接"模块、"打开"模块和"示例工作簿"模块。

"连接"模块在最左侧，在这里我们可以连接我们所需要和关注的数据源。Tableau Desktop 支持连接多种数据源。

"打开"模块可以让我们快速访问我们最近编辑过的工作簿。如果我们首次打开 Tableau Desktop，此处显示空白内容。

"示例工作簿"模块可以让我们快速打开和浏览 3 个示例——"示例超市""中国分析""世界指标"。

9.2.2　开启 Tableau 可视化之旅

Tableau Desktop（以下简称 Tableau）的主界面的左侧是"连接"模块。"连接"模块（见图 9-23）提供了两大类连接方式：一类是"到文件"；另一类是"到服务器"。

"**到文件**"可用于从 Microsoft Excel、文

图 9-23　"连接"模块

本文件、JSON文件、PDF文件、空间文件、统计文件等本地文件中将数据导入Tableau中。

其中应用非常多的应该是从Microsoft Excel导入数据。

其次是从文本文件中导入数据。文本文件包括TXT、CSV和TSV文件。值得一提的是，CSV格式的数据在Tableau中是通过在"连接"模块选择"到文件"→"文本文件"导入系统的。

我们还可以通过在"连接"模块选择"到文件"→"统计文件"导入统计软件生成的数据文件，如SPSS文件（*.sav）和R文件（*.rdata、*.rda）。

Tableau可以连接到服务器，再通过服务器获取数据并导入系统中。在"**到服务器**"中，Tableau提供了MySQL、Oracle、Presto等主流数据库连接方式（见图9-24）。

图9-24 主流数据库连接方式

【案例9-2】 用户消费明细数据可视化分析——导入数据

我们目前拥有Panda公司用户消费情况明细数据。我们需要对这些数据进行可视化，以便更好地展现数据中所蕴含的信息。

首先，我们需要将本地的一个CSV格式的文件导入Tableau，文件名为"明细数据及RFM.csv"。明细数据及RFM数据集中每一条记录包含按天聚合的活跃用户与消费行为相关的特征。该数据集一共有20000条记录。表9-1展示了明细数据及RFM数据集中的字段及描述。

表9-1 明细数据及RFM数据集中的字段及描述

字 段	字段类型	字段描述
Name	字符串	姓名
Gender	字符串	性别，male 代表男性，female 代表女性
Is Buy	数字	当日是否购买，1 代表购买，0 代表不购买
Amount	数字	当日购买金额
Platform	字符串	手机操作系统，adr 代表 Android 系统；ios 代表 iOS 系统
Signup Days	数字	注册距今天数
History Times	数字	历史购买次数
History Amount	数字	历史购买金额
Last Buy Date	日期	上次购买日期
Today Search Times	数字	当日搜索次数
Last Day Search Times	数字	昨日搜索次数
Sign Up Days Last Week	数字	上周登录天数
Last Buy Date To Now	数字	上次购买距今时长
City	字符串或者地理位置	城市名称
Province	字符串或者地理位置	省份名称

我们在 Tableau 主界面左侧的"连接"模块中选择"到文件"→"文本文件"，在弹出的对话框中，选择文件存储的路径，选择文件，单击"打开"按钮，就完成了导入数据的操作，如图9-25所示。

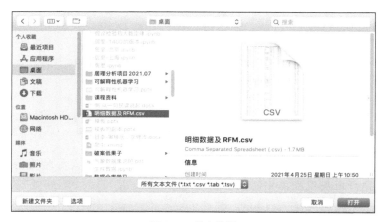

图 9-25 导入数据

导入数据成功之后，Tableau 会进入数据源界面，如图9-26所示。在这个界面中，左侧是"连接信息"模块，右侧上半部分是"数据集"模块，右侧下半部分是"表格"模块。

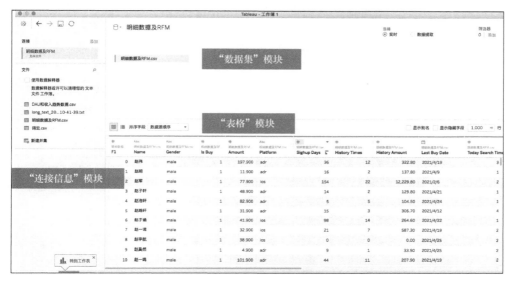

图 9-26　数据源界面

"连接信息"模块显示的是关于目前工作簿连接数据的详细信息。

"数据集"模块显示的是导入的数据集的名称。我们可以导入多个数据集，并且在"数据集"模块设置数据集与数据集之间的关联。我们还可以通过这个模块导入新的数据集。

数据源界面右下方的"表格"模块用来展示一部分数据表格及其明细数据。表头中有字段数据类型、字段所属表格、字段名这3项信息，如图9-27所示。

Tableau支持的数据类型有数值、字符串、日期、日期和时间、地理位置、布尔型等（见图9-28）。

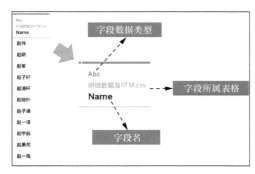

图 9-27　表头中的内容

图 9-28　Tableau 支持的数据类型

　　成功导入数据之后，我们可以看到数据源界面下方有一个"转到工作表"对话框（见图9-29）。单击这个对话框，转到 Tableau 的工作表界面。工作表界面是利用 Tableau 实现可视化的主要界面。

　　工作表界面包含菜单栏、工具栏、左边栏、列功能区、行功能区、绘图区和状态栏，以及"页面"模块、"筛选器"模块、"标记"模块等部分，如图 9-30 所示。

图 9-29　"转到工作表"对话框

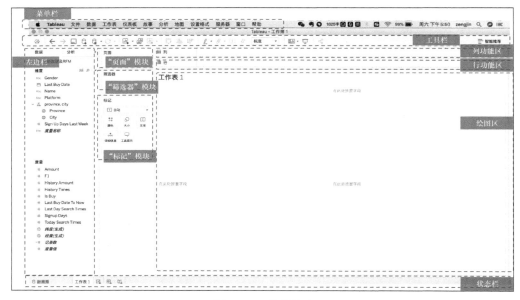

图 9-30　工作表界面

　　我们对其中比较重要的部分进行介绍。

　　工具栏能够帮助我们快速访问常用工具和操作。工具栏中集成了许多按钮。Tableau 工具栏的图标如表 9-2 所示。

表 9-2　Tableau 工具栏的图标

图标	说明
⚙	快速导航到主界面
←	撤销。撤回工作簿中最近一次操作。可以无限次撤销
→	重做。撤销之后才能够单击该按钮。恢复撤销的操作
💾	保存。保存针对工作簿所做的编辑和修改
🗄	新建数据源。单击"新建数据源"按钮会显示"连接"模块

图标	说明
	自动更新，自动运行数据查询
	运行更新，手动运行数据查询
	新建工作表。新建一张空白的工作表。在其下拉列表中可以创建新工作表、仪表板或者故事
	复制工作表。复制当前工作表，其中包含与当前工作表中完全相同的数据和可视化展现方式
	清除当前工作表。单击其下拉按钮可以清除局部设置内容，如筛选器设置、大小设置等
	交换"行"功能区和"列"功能区中的字段
	升序排列。根据绘图区中的度量字段升序排列
	降序排列。根据绘图区中的度量字段降序排列
	查看卡。显示和隐藏工作表中的特定卡片
标准	适合选择器。通过审核选择器调整绘图区视图的大小，分为标准、适合宽度、适合高度和整个视图 4 个选项
	演示模式。类似于 Power Point 里面的"播放"按钮，单击之后可以全屏展示绘图区中的图表
智能推荐	智能推荐。根据所选择的字段智能推荐合适的展现方式，是后文介绍的核心功能之一
	显示标签。单击一次会在绘图区绘制好的图表中自动显示标签，再单击一次会隐藏
	突出显示
	创建分组成员
	固定轴

左边栏在工作表界面的左边，其中的"数据"选项卡和"分析"选项卡是两个非常重要的模块。我们可以通过单击选项卡在二者之间进行切换。

"数据"选项卡是左边栏默认展示的模块。其下会包含数据源和字段信息。Tableau 会将导入的所有字段自动分配到"维度"区域和"度量"区域。

维度和度量是 Tableau 中两个非常重要的概念。

一般而言，在首次连接数据源的时候，Tableau 会将包含离散分类信息的字段（如字符串或者日期、地理位置等）分配到"维度"区域，会将连续性数值变量分配到"度量"区域。

在案例 9-2 中，我们导入数据之后，Tableau 会将 Gender、Last Buy Date、Name 等字段分配到"维度"区域，会将 Amount、History Amount 等变量分配到"度量"区域，如图 9-31 所示。

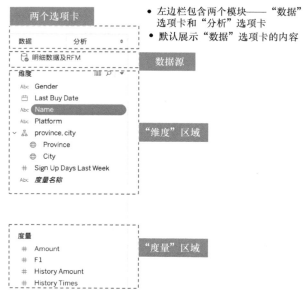

图 9-31 "维度"区域和"度量"区域

如图 9-32 所示，当将"维度"区域内的字段（称为维度变量）拖到绘图区的"行"或者"列"功能区的时候，Tableau 将会创建行标题或者列标题。

当将鼠标指针悬停在某一个维度变量上时，会在此维度变量右侧显示下拉按钮（见图 9-33）。单击这个按钮，我们可以针对维度变量进行一系列的操作，如复制，重命名，创建计算字段、组、集和参数，转化为度量变量，更改数据类型等。图 9-33 展示了如何对维度变量 Name 进行操作。

图 9-32 将维度变量拖曳到行功能区或列功能区

图 9-33 对维度变量 Name 进行操作

如图 9-34 所示，当将"度量"区域内的字段（称为度量变量）拖到绘图区的"行"或者"列"功能区时，Tableau 将会创建连续的数据轴及一种默认的展现方式。

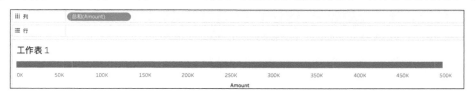

图 9-34 将度量变量拖曳到"行"或"列"功能区

当我们将鼠标指针悬停在某一个度量变量上的时候，会在此度量变量右侧显示下拉按钮（见图 9-35）。针对度量变量，我们可以进行的操作有创建计算字段、组、集和参数，转化为离散变量，转化为维度变量等。图 9-35 展示了如何对度量变量 Amount 进行操作。

图 9-35 对度量变量 Amount 进行操作

"筛选器"模块用来设置整个绘图区可视化图标的展示条件。我们可以通过拖曳将字段放入"筛选器"模块，生成针对图表的筛选器。

我们在绘制图表时需要利用"标记"模块中的功能来修饰图表，让其更加精美。

如图 9-36 所示，"标记"模块中提供了很多按钮。通过将字段拖曳到这些按钮上，我们可以修改序列中标记的颜色、大小、标签显示内容、详细信息与工具提示等。

在工作表界面最下方是状态栏。如图 9-37 所示，我们可以通过状态栏查看或切换不同的页面、新建对象、进行对象命名和其他操作（如导出、复制当前对象）。

图 9-36 "标记"模块

图 9-37 通过状态栏查看或切换页面

状态栏显示当前处于什么页面，并且支持在各个页面中进行切换。例如，单击状态栏中的"数据源"按钮，切换到数据源界面。

我们可以通过单击如下 3 个按钮新建 Tableau 的 3 种对象。

单击🖾，新建工作表。工作表是 Tableau 的基本工作单位，我们可以在工作表中绘制单张图表。

单击🖾，新建仪表板（dashboard）。仪表板可以集中展示多张图表。

单击🖾，新建故事（story）。故事是 Tableau 提供的一种演示工具。当我们需要向数据信息使用者演示和分享我们的分析结论时，可以用故事。故事类似于 Office 软件中的 PowerPoint。

当然，还有一种新建对象的方法。

如图 9-38 所示，单击工具栏中的🖾，新建工作表、仪表板或者故事。

双击对象的选项卡，会出现一个光标。在光标处输入我们想要修改的名称就可以命名（见图 9-39）。

图 9-38　新建对象

选中某对象（工作表、仪表板或故事），右击，选择想要进行的操作即可。

在 Tableau 中只要将维度变量和度量变量拖曳到"行"功能区和"列"功能区，就可以绘制图表。

值得一提的是，将度量变量拖曳到"行"功能区或者"列"功能区的时候，该度量变量会进行聚合计算，默认的计算方式是"总和"，如图 9-40 所示。

图 9-39　对象命名　　　　　　　　　图 9-40　度量变量默认的计算方式

我们可以修改度量变量的计算方式，例如，从"总和"修改为"平均值"。具体方法是将鼠标指针悬停在"行"功能区或者"列"功能区的字段上，在该字段右侧就会出现下拉按钮。单击该下拉按钮并选择"度量(总和)"命令，修改计算方式。Tableau 支持的度量变量的计算方式有总和、平均值、中位数、计数、计数(不同)、最小值、最大值、百分位、标准差、标准差(群体)、方差、方差(群体)，如图 9-41 所示。

接下来，介绍简单图表的绘制。

图 9-41　度量变量的计算方式

1．柱状图或条形图的绘制

我们通过柱状图或条形图的绘制介绍一下在 Tableau 中绘制一张图表的基本操作流程。柱状图或条形图是常规的展现方式，可以表现对比、排序和时间趋势等。

【案例9-3】　绘制柱状图或条形图

请根据案例 9-2 中导入的数据，绘制"部分地区用户的平均消费金额"图表，展现方式为条形图。

首先，将维度变量和度量变量分别拖曳到"行"功能区和"列"功能区，如图 9-42 所示。

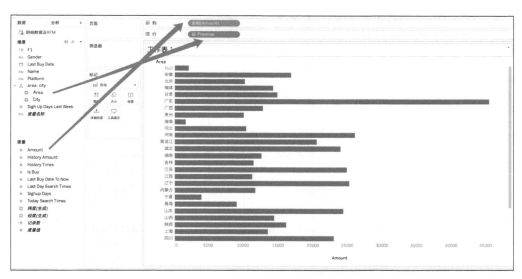

图 9-42　将维度变量和度量变量分别拖曳到"行"功能区和"列"功能区

我们将 Area 拖曳到"行"功能区，将 Amount 拖曳到"列"功能区。

此时在绘图区内会根据我们输入的字段类型智能推荐出相对合适的图表（本例中是条形图）。

然后，对度量变量的计算方式进行修改。

因为题中要求我们针对不同地区用户的平均消费金额进行聚合计算，而"列"功能区中度量变量 Amount 的计算方式是默认的"总和"，所以我们要修改针对度量变量的计算方式。

修改 Amount 字段的计算方式步骤如下。

将鼠标指针悬停在"列"功能区中的"总和
(Amount)"字段上，在该字段右侧会出现下拉按
钮。单击这个按钮会出现菜单，选择其中的
"度量(总和)"→"平均值"即可，如图9-43
所示。

接着，通过排序、增加图表元素等手段让图
表更加清晰。

在绘制条形图或者柱状图的时候，对序列进
行排序，会使图表更加整齐、清晰。

单击工具栏中的排序按钮（见图9-44），实现
排序，其中 用于降序排序， 用于升序排序。

图 9-43 修改度量变量的计算方式

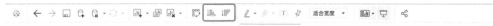

图 9-44 排序按钮

图 9-45 展示了排序前的条形图。

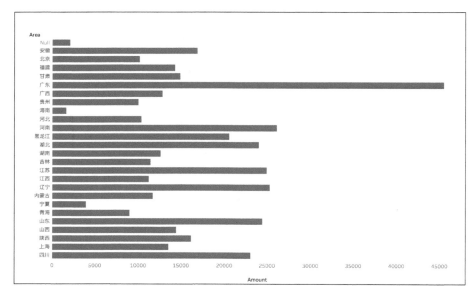

图 9-45 排序前的条形图

单击工具栏中的 ，对图表进行降序排列。如图9-46所示，排序后的条形图
更加清晰。

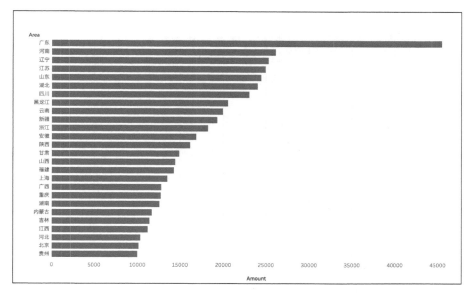

图 9-46 排序后的条形图

添加数据标签主要通过将字段拖曳到"标记"模块中的"标签"按钮上来实现。

我们将度量变量Amount拖曳到"标记"模块中的⬚标签上，如图9-47所示。

图 9-47 添加标签

此时"总和(Amount)"字段出现在"标记"模块中，绘图区内的图表上已经有了Amount总和的数据标签。本例中，需要将总和转化为平均值。我们将鼠标指针悬停在列功能区中的"总和(Amount)"字段上，在该字段右侧会出现下拉按钮。单击这个下拉按钮将度量变量计算方式修改为平均值。

单击"标记"模块中的 ⸬ ，修改配色方案。

在本例中，对于条形图而言，序列的颜色是深蓝色，如果我们需要将条形图中序列的颜色改成橙色，只需要单击 ⸬ 再选择橙色就可以了，如图9-48所示。

图 9-48　修改颜色

单击"标记"模块中的 ⌀ ，弹出代表序列大小（粗细）的滑块。滑块越靠右边，序列越粗、越大；滑块越靠左边，序列越细、越小。通过拖曳滑块，修改序列大小。

条形图和柱状图的切换在Tableau中通过切换行列来实现。

单击工具栏中的 ⬚ 可以实现"行"功能区字段和"列"功能区字段的切换（见图9-49）。

在本例中，单击此按钮可以使条形图切换为柱状图。

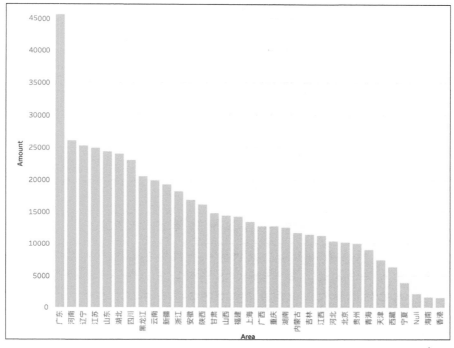

图 9-49　切换行列

到此为止，我们利用 Tableau 绘制了一张柱状图。从图中我们可以看出，广东省的消费者金额遥遥领先，接下来是河南省、辽宁省、江苏省和山东省的消费者金额。

双击状态栏中工作表 1 的选项卡，即可重命名。

2. 饼图的绘制

饼图是常用的展现方式之一，我们常常利用饼图来表现结构和比例的大小。

【案例 9-4】　不同性别消费者金额占比饼图

请根据数据集"明细数据及 RFM.csv"绘制一张饼图，要求如下。

（1）表示出不同性别消费者金额占比。

（2）针对这张饼图添加"Platform"（平台）字段的筛选器。

先新建一张工作表，并且将其命名为"不同性别消费者金额占比"。

如图 9-50 所示，我们将维度变量 Gender 和度量变量 Amount 分别拖曳到"行"

功能区与"列"功能区。此时Tableau会根据数据类型智能推荐展现方式为条形图。

图 9-50 将维度变量 Gender 和度量变量 Amount 分别拖曳到"行"功能区与"列"功能区

接下来，单击工具栏右侧的 ☰智能推荐 ，选择 ◕ 来将图表展现方式改变为饼图。

"智能推荐"模块是Tableau中提供的一个模块。通过"智能推荐"模块选择我们喜欢的可视化方案。在"智能推荐"模块中，每一个小的图标代表一种展现方式。灰色的图标代表由于当前数据不满足条件而不能使用这种可视化方案。当鼠标指针悬停在某个图标上的时候，"智能推荐"模块（见图9-51）的下方会显示绘制图标中的可视化图表所需要的数据和条件。

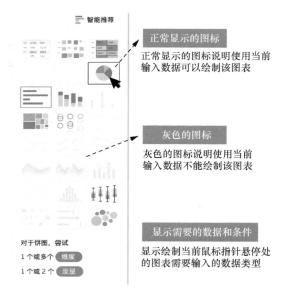

图 9-51 "智能推荐"模块

在初步绘制完饼图之后，我们还希望给饼图中的两个序列加上标签——性别和消费金额百分比。

如图9-52所示，我们将维度变量Gender和度量变量Amount都拖曳到"标记"模块的"标签"图标上，可以看到图表上开始展示性别和消费金额的标签。但是消费金额是实际值，并不是我们需要的百分比，我们还需要将其调整成百分比。

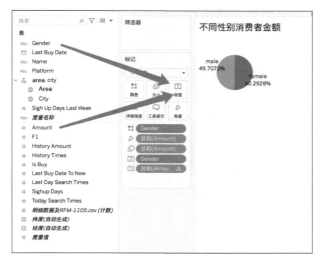

图 9-52　为饼图添加标签

此时将鼠标指针悬停在"标记"模块中的"总和(Amount)"字段上，单击其右侧出现的下拉按钮，选择"快速表计算"→"合计百分比"，如图9-53所示。这样标记就由消费总金额变成了消费金额的百分比。

接下来，我们针对绘制好的图表调整颜色和大小等信息，即可完成该饼图的绘制，如图9-54所示。

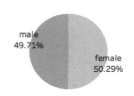

图 9-53　饼图中系列的百分比计算——快速表计算功能　　图 9-54　添加百分比信息后的饼图

本例中还要求我们针对这张饼图添加"Platform"字段的筛选器，步骤如下。

第1步，我们将维度变量Platform拖曳到"筛选器"模块中，出现"筛选器[Platform]"对话框，单击"全部"按钮，单击"确定"按钮，如图9-55所示。

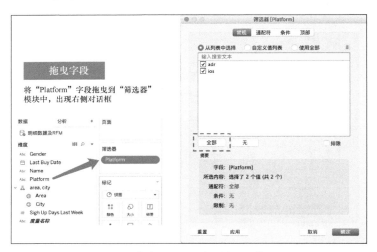

图 9-55 拖曳 Platform 字段并设置筛选器

第2步，如图9-56所示，将鼠标指针悬停在已被拖曳到"筛选器"模块中的字段上，右击，选择"显示筛选器"，在绘图区的右上角就会出现筛选器。

无论是对于维度变量还是度量变量都可以制作筛选器，制作的步骤是一致的。度量变量的筛选器一般是以滑块形式呈现的，如图9-57所示。

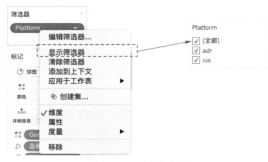

图 9-56 显示筛选器

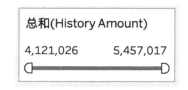

图 9-57 度量变量的筛选器一般是以滑块
形式呈现的

3. 百分比堆积图的绘制

百分比堆积图一般用在两个维度变量的交叉分析的过程中，用来表示结构、趋势或者分布的对比，表现力较强。百分比堆积图中，每个堆积元素的累积比例始终总计为100%。它主要用于显示某一个特征多个枚举项的占比结构情况。

【案例9-5】　绘制百分比堆积图

基于数据集"明细数据及RFM.csv"分别绘制3张百分比堆积图。

（1）绘制不同昨日搜索次数消费者所对应购买率的百分比堆积图。

（2）绘制不同性别消费者所对应购买率的百分比堆积图。

（3）绘制不同手机平台消费者所对应购买率的百分比堆积图。

首先，绘制"昨日搜索次数与购买率"百分比堆积柱图。具体步骤如下。

第1步，准备数据。

为了绘制"昨日搜索次数与购买率"百分比堆积图，选择两个维度变量：一是Last Day Search Times（前一天搜索次数），二是Is Buy（是否购买）。当然，我们应当首先确认这二者是不是维度变量。

我们发现它们都不是维度变量，所以应该将它们转换为维度变量。转换的方式是将鼠标指针悬停在字段上，单击右侧下拉按钮，选择"转换为维度"（见图9-58）。

在本例中，我们需要将两个度量变量Last Day Search Times和Is Buy都转换为维度变量。

图 9-58　将度量变量转化为维度变量

第2步，添加计数项，绘制柱状图。

在绘制"昨日搜索次数与购买率"百分比堆积图的时候，除需要两个维度变量之外，我们还需要找一个字段表示图表中的计数项，即购买人数。本例中选择度量变量Amount作为计数项（当然选择其他字段也可以），构建购买人数的数值。我们将维度变量Last Day Search Times和度量变量Amount分别拖曳到"列"功能区与"行"功能区，如图9-59所示。

由于百分比堆积图需要表现的是购买人数比例，因此需要将Amount的计算方式从"总和"转化为"计数"。

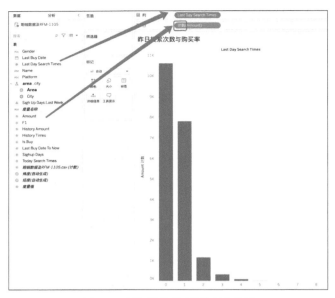

图 9-59　添加计数项以及绘制柱状图

第3步，通过颜色表现第二维度（"是否购买"）。

如图 9-60 所示，将维度变量 Is Buy（由第1步已经转换为维度变量）拖曳到"标记"模块中的"颜色"图标上。此时绘图区中的图表按照是否购买的颜色转化为堆积图。

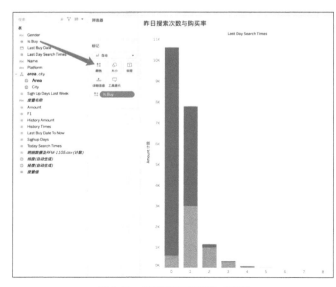

图 9-60　通过颜色表现第二维度

第4步，通过快速表计算，实现百分比堆积图。

如图9-61所示，单击"行"功能区中的"计数(Amount)"字段右侧的下拉按钮，选择"快速表计算"→"合计百分比"命令，然后单击已经经过快速表计算的字段"计数(Amount)"右侧的下拉按钮，选择"计算依据"→"表(向下)"命令。

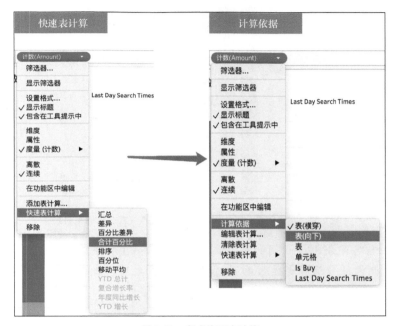

图9-61　完成快速表计算

此时，我们可以看到，图表已经变成百分比堆积图了。接着，按照前面的方式给序列加上标签，百分比堆积图就绘制成功了。

从图9-62中可以看出，昨日搜索次数在一定程度上代表用户的购买意愿，昨日搜索次数越多，用户当日的购买率就越高。

快速表计算是Tableau中非常重要和好用的功能。在百分比堆积图的绘制过程中，我们利用了快速表计算功能，完成了对维度变量的不同枚举项的百分比的计算。

读者刚使用这个功能的时候，可能会不理解这个功能。其实理解这个功能的核心在于"表"，快速表计算是依据"图"背后的表格实现的。

我们回想一下上文中绘制百分比堆积图的过程，并且用表格的形式展示每一步的结果（单击"智能推荐"模块中的 ，展示表格）。

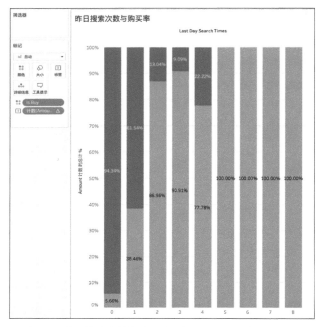

图 9-62 昨日搜索次数与购买率之间的关系（百分比堆积图）

上文中绘制百分比堆积图的第1步、第2步和第3步分别是准备数据、绘制柱状图和通过颜色区分消费者是否购买。完成这3步之后，我们绘制的百分比堆积图背后的展示表格如图9-63所示。

Is Buy	Last Day Search Times								
	0	1	2	3	4	5	6	7	8
0	10,000	4,800	150	30	20				
1	600	3,000	1,000	300	70	15	5	5	5

图 9-63 展示表格

这张表的第1行的第2～10列是 Last Day Search Times 所对应的值（0～9的整数），这张表的第2～10列的两行是 Is Buy 的枚举值（0代表不购买，1代表购买）。表中的值是不同搜索次数分别对应的不购买与购买的消费者人数。

第4步就是通过快速表计算功能实现百分比堆积图的展示效果。首先，选择"快速表计算"→"合计百分比"，得到的展示表格如图9-64所示。

Is Buy	Last Day Search Times								
	0	1	2	3	4	5	6	7	8
0	66.67%	32.00%	1.00%	0.20%	0.13%				
1	12.00%	60.00%	20.00%	6.00%	1.40%	0.30%	0.10%	0.10%	0.10%

图 9-64 展示表格——合计百分比

我们可以看到，上表中，每一行之和是100%。而我们要想获得图9-62中的百分比堆积图效果，需要按列计算不购买和购买的人数百分比。

因此我们应该修正计算依据。选择"计数(Amount)"字段，调整其计算依据。我们可以看到此字段的快速表计算默认的计算依据是"表(横穿)"（见图9-65），所以在图9-64中看到的结果是每一行之和为100%。

图9-65　计算依据

接下来，将计算依据调整为"表(向下)"，我们获得的展示表格如图9-66所示。每一列的数字合计为100%。这张表就是绘制"昨日搜索次数与购买率"百分比堆积图所需要的表。

Is Buy	Last Day Search Times								
	0	1	2	3	4	5	6	7	8
0	94.34%	61.54%	13.04%	9.09%	22.22%				
1	5.66%	38.46%	86.96%	90.91%	77.78%	100.00%	100.00%	100.00%	100.00%

图9-66　展示表格——合计百分比，计算依据为"表(向下)"

Tableau提供的快速表计算类型如下。

● 差异：显示绝对差值。

● 百分比差异：显示变化率。

● 合计百分比：以总额百分比的形式显示值。

● 排序：以数字形式对值进行排序。

● 百分位：计算百分位值。

● 汇总：计算累计总额。

● 移动平均：消除短期波动以确定长期趋势。

计算依据如下。

● 表(横穿)：沿着水平方向进行计算。

● 表(向下)：沿着垂直方向进行计算。

● 表：针对全表的计算。

● 单元格：针对某单元格的计算。

接下来，我们要绘制"性别与购买率"的百分比堆积图和"手机平台与购买率"的百分比堆积图。注意，这两个百分比堆积图和刚刚绘制的"昨日搜索次数与购买率"的百分比堆积图大同小异，只需要将该图表中的维度变量 Last Day Search Times 分别替换为 Gender 和 Platform 即可。

我们可以通过工作表的复制功能，复制刚刚制作的第一个百分比堆积图表格，然后略做修改，快速完成"性别与购买率"的百分比堆积图和"手机平台与购买率"的百分比堆积图。

我们在状态栏中右击需要复制的工作表，选择"复制"命令，就可以将该工作表复制一份，如图 9-67 所示。然后，在复制好的工作表中，将所需要替换的变量进行替换，即可完成作图。

我们从绘制好的百分比堆积图（见图 9-68）中可以看出，男性的购买率比女性的更高，Android 用户的购买率比 iOS 用户的更高。

图 9-67　复制工作表

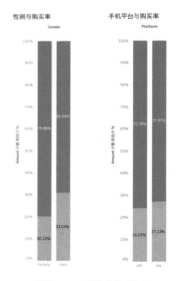

图 9-68　百分比堆积图

4．折线图的绘制

折线图是一种非常基础的可视化展现方式，可以用来表现趋势和变化。

【案例 9-6】　绘制收入趋势折线图

数据集"DAU 和收入趋势 .csv"中有 Panda 公司 2020 年 5 月 27 日到 2020 年 9

月3日的DAU以及与收入相关的数据。现在需要基于该数据集中的数据绘制关于公司DAU、收入和ARPU的时序趋势图。"DAU与收入趋势.csv"可通过在知乎搜索"《数据分析实战》案例数据集"下载。

第1步，导入新的数据集。

我们在案例9-2中，已经导入过一个数据集。如果我们需要在同一个Tableau工作簿中导入一个新的数据集，可以通过如下步骤进行。

在工作表界面下方状态栏中，单击"数据源"按钮，跳转到数据源界面。在数据源界面上方单击 □· 按钮，单击 🗋 新建数据源 ，单击"到文件"→"文本文件"，选择对应路径并找到相关文件，即可导入新的数据。

"DAU和收入趋势.csv"数据集中的字段说明如表9-3所示。

表9-3 "DAU和收入趋势.csv"数据集中的字段说明

字段名	字段类型	字段描述
Date	日期	日期
DNU	数值	新增用户数
DAU_OLD	数值	活跃用户中的旧用户数
DAU	数值	活跃用户数
Revenue	数值	收入
ARPU	数值	每用户平均收入，单位为元

第2步，绘制折线图。

如图9-69所示，将Date拖曳到"列"功能区，将Revenue（收入）拖曳到"行"功能区。

图9-69 将Date拖曳到"列"功能区，将Revenue拖曳到"行"功能区

此时绘图区没有出现折线图，只出现了一个点。因为Date自动按照"年"的颗粒度进行了聚合，所以需要将Date的聚合方式改成按日聚合。我们将鼠标指针悬停在字段上，在字段右侧出现下拉按钮，单击该下拉按钮出现图9-70所示的菜单。该菜单提供了年、月、周、日等时间聚合颗粒度，我们选择"天 2015年5月8日"。

选择之后，图表就变成按日聚合的折线图，如图9-71所示。

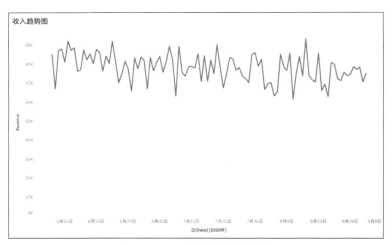

图 9-70　修改日期
变量形式

图 9-71　收入趋势图（折线图）

第3步，添加参考线。

针对这个折线图，利用左边栏中的"分析"选项卡，添加一些相关的参考线来帮助我们分析。

绘制参考线的方法如下。切换到左边栏的"分析"选项卡。"分析"选项卡为我们提供了三大类分析参考线。

第一，我们可以针对折线图绘制一些汇总类信息的参考线，例如，常量线（某个固定的阈值）、平均线、含有四分位点的中值（中位数）等。

第二，我们可以绘制基于统计模型的一些参考线。例如，置信度为95%的均值、置信度为95%的中位数等。

第三，我们可以绘制自定义的参考线。

我们先尝试在收入趋势图中绘入平均值参考线。

从"分析"选项卡的"汇总"栏中将"平均线"拖曳到绘图区。此时在绘图区上会出现"添加参考线"工具栏，如图9-72所示。

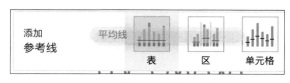

图 9-72　"添加参考线"工具栏

如图9-73所示，我们将平均线拖曳到"表"上，即绘制成功。

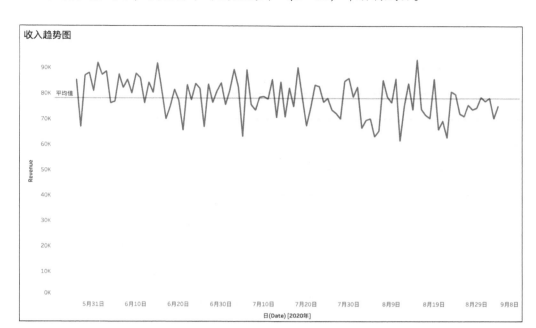

图 9-73 为折线图添加平均值参考线

"汇总"栏中其他参考线的绘制方式与此类似，这里不赘述。

对于折线图，我们应该关注其变化趋势，可以通过增加趋势线了解折线图反映出来的一段时间的变化趋势。

我们在左边栏中将"模型"栏中的"趋势线"拖曳到绘图区，会出现"添加趋势线"工具栏。我们将"趋势线"拖曳到该工具栏中的"线性"模块上，在折线图中就生成线性的趋势线，如图9-74所示。

图 9-74 "添加趋势线"工具栏

如果此时将鼠标指针悬停在趋势线上，还会显示所添加趋势线的公式、R 平方值和 P 值（见图9-75）。

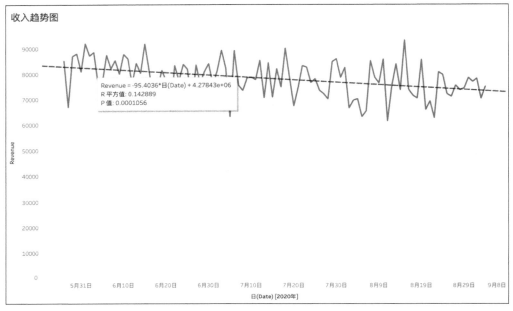

收入趋势图

Revenue = -95.4036*日(Date) + 4.27843e+06
R 平方值: 0.142889
P 值: 0.0001056

图 9-75　查看趋势线的公式和 R 平方值

我们可以看到，图中趋势线的斜率为负数，所以从趋势上看，收入是在缓缓下降的。

5. 散点图的绘制

一般来讲，我们会通过散点图表现两个变量之间的量化关系。进行前面提到的田字分析的时候，就需要绘制散点图。

【案例9-7】　绘制购买金额和购买次数的散点图

绘制 History Amount（历史购买金额）和 History Times（历史购买次数）的散点图。

第1步，拖曳变量至"行"功能区和"列"功能区。

History Amount 和 History Times 这两个变量都是度量变量。如图9-76所示，先拖曳这两个变量到行功能区和列功能区，我们发现绘图区只出现了一个点，并没有出现散点。

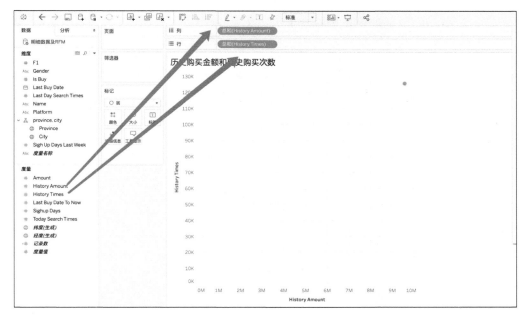

图 9-76　将两个度量变量拖曳到"行"功能区和"列"功能区

第 2 步，取消"聚合度量"。

之所以仅仅显示一个点，是因为在默认情况下，Tableau 会聚合度量变量。此时我们需要选择菜单栏中的"分析"，取消勾选默认勾选的"聚合度量"，如图 9-77 所示。

图 9-77　取消勾选"聚合度量"

第 3 步，修饰图表。

我们可以将标记由空心圆修改为实心圆，并且按照个人喜好调整颜色。

此时，绘图区所展示的就是我们所需要绘制的散点图（见图 9-78）。从散点图中可以看出，历史购买次数和历史购买金额之间呈现一定的正向相关关系，即历史购买单量越多，历史购买金额越大。但是这种关系并非特别明确的线性关系，相关性较弱。

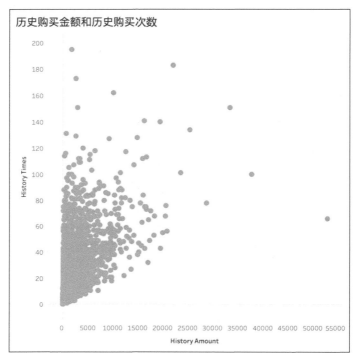

图 9-78 散点图

【案例9-8】 基于散点图表现"田"思维的可视化方案

"田"思维也可以通过散点图展示。以在第4章介绍的游戏特征评价的因素-重要性推导模型为例,利用散点图绘制因素-重要性推导模型。

首先,导入"游戏田字案例.xlsx"中的数据,如图9-79所示。

Abc Sheet1 项目	# Sheet1 满意度得分(平均…	# Sheet1 重要性得分(平均…
剧情吸引力	4.83000	4.690000
关卡难度	3.56000	4.560000
战斗体验	4.65000	4.780000
画面质量	4.78000	4.660000
音乐音效	4.72000	4.210000
游戏中社交	3.54000	4.310000
虚拟道具设计	3.78000	3.980000

图 9-79 导入数据

然后绘制散点图。具体步骤如下。

第1步，如图9-80所示，将"重要性得分（平均值）"和"满意度得分（平均值）"分别拖曳到"行"功能区与"列"功能区。

图9-80 将"重要性得分（平均值）"和"满意度得分（平均值）"字段拖入"行"功能区与"列"功能区

第2步，选择"分析"，取消勾选默认勾选的"聚合度量"。

第3步，修饰图表。具体操作如下。

首先，再对散点图稍做修饰，将维度变量"项目"拖曳到"标记"模块的"标签"按钮上，为散点贴上标签。

散点图中默认显示空心圆。如果习惯使用实心圆标记，在"标记"模块将散点标记改变为实心圆，如图9-81所示。

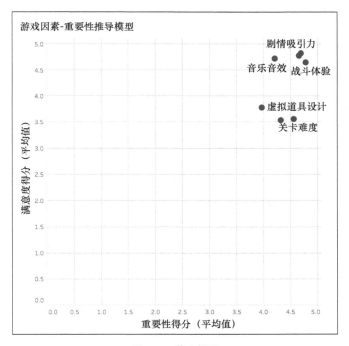

图9-81 修改标记

我们发现在这张散点图中，所有的散点都集中在右上角，不直观。我们希望让其分布更均匀一些，这可以通过调整坐标轴实现。前文提到我们一般不能使用从非零开始的坐标轴。但是在本例中，选择从非零开始的坐标轴基于3个原因：一是我们不关注数据点的具体数值，而仅仅关注其比较与排序；二是在绘制因素-重要性推导模型时，我们会选择中位数或者均值作为客观的参考线；三是散点序列过于集中，不直观。

接下来，选择纵轴"满意度得分（平均值）"，右击，选择"编辑轴"命令，在弹出的对话框中修改坐标轴范围（见图9-82）。

在"范围"选项组中，单击"固定"单选按钮，并且将"固定开始"文本框和"固定结束"文本框中的数值分别调整成3与5。

图 9-82　修改坐标轴范围

然后，针对横轴，做同样的操作。从图9-83可以看到，调整后散点分布更加均匀。

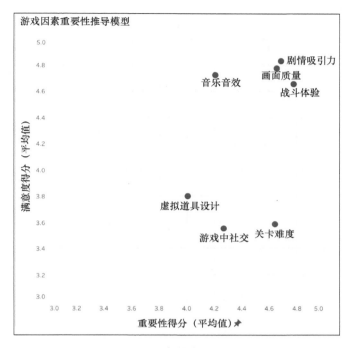

图 9-83　调整坐标轴范围后的散点图

当绘图区中系列分布不均匀导致展示不清晰时，我们可以通过调整坐标轴解决问题。调整的步骤为选中对应坐标轴，右击，选择"编辑轴"命令。

我们不仅可以对坐标轴范围进行调整，还可以按照比例（如对数刻度、逆序刻度）进行调整，甚至可以编辑轴标题。

第 4 步，划分 4 个象限。

我们在做因素-重要性分析的时候，会根据重要性和满意度的高低将所有的样本划分到 4 个象限。

在本案例中，通过在左边栏的"分析"选项卡中添加平均线，将散点划分到 4 个象限中（见图 9-84）。

如图 9-85 所示，切换到"分析"选项卡，选择"平均线"，向右拖曳入绘图区。

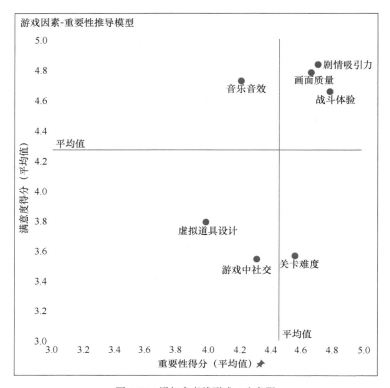

图 9-84　添加参考线形成 4 个象限

图 9-85　在"分析"选项卡中选择"平均线"

在绘图区中会出现"添加参考线"工具栏。如图9-86所示，将平均线拖曳到"表"上，就为散点图按照重要性得分和满意度得分的平均值添加了平均线，将散点图划分为4个象限。

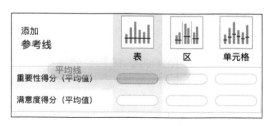

图 9-86　添加参考线：拖曳平均线至"表"上

6. 双轴柱线图的绘制

双轴柱线图是一种信息传递效率较高的可视化展现方式。双轴柱线图可以将两种不同量级的数据展示到一张图表中，并且比较二者在趋势上的一致性或差异性。例如，当我们需要在同一张图表中展示 DAU 量级和 DAU 变化率的趋势时，如果我们将两个指标放在同一个坐标尺度下，DAU 变化率的趋势将在较大程度上被 DAU 的变化幅度掩盖，因为 DAU 变化率的量级要远远小于 DAU 的量级。因此，要想在同一张图表上展示不同量级的两个变量的变化趋势，就需要在这张图表上应用两个不同尺度的坐标轴。

一般而言，在双轴柱线图中，有两种图——柱状图和折线图，二者共用图表的横坐标，但是分别会对应两条纵坐标轴。

【案例9-9】　绘制DAU量级和ARPU的双轴柱线图

根据"DAU和收入趋势.csv"数据集，绘制关于该公司 DAU 和 ARPU 的双轴柱线图。

我们通过观察可以发现，该公司DAU量级在15万左右，ARPU在0.5元左右，这两个变量的量级差异巨大。通过双轴柱线图在一张图中同时展示这两个变量的变化趋势。

首先，将Date拖曳到"列"功能区，并且将日期格式转化为"日"。

然后，将DAU和ARPU拖曳到"行"功能区。

最后，单击 ⩓ 智能推荐 中的 iↄↄↄ 就完成绘制，如图9-87所示。

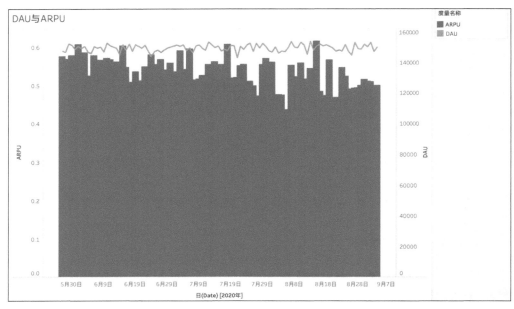

图 9-87　双轴柱线图

9.2.3　高级可视化图表的制作

Tableau 除支持基本图表的绘制以外，还支持一些比较高级的可视化展现方式，如词云图、数据地图等，而且其绘制方式比较简单。

词云图是针对文本文件中关键词进行词频分析的"利器"，形式美观，信息传递效率高，是比较好的可视化展现方式。

我们通过一个案例学习如何通过 Tableau 绘制词云图。

【案例9-10】　绘制《三国演义》的词云图

第1步，导入数据。

Tableau 绘制词云图的输入数据是对文本进行分词之后的词频统计。具体中文词频生成通过Python中的jieba包完成。利用jieba包进行分词的Python代码参见附录C。

本案例所需的文件"词云图.csv"可以通过在知乎搜索"《数据分析实战》"案例数据集获得。

我们首先在 Tableau 中导入"词云图.csv"文件。该文件为针对《三国演义》全文进行分词之后而形成的词频统计。附录C会详细介绍利用Python对文本进行分词过程与代码，这里就不讨论了。

导入的数据如图9-88所示。

第2步，绘制气泡图。

如图9-89所示，在维度变量中选择Word，在度量变量中选择Freq。

# 词云图.csv F1	Abc 词云图.csv Word	# 词云图.csv Freq
20	曹操	935
25	孔明	809
27	将军	772
44	被	563
45	杀	560
46	蜀	556
47	操	551
48	上	534
49	以	518
50	关公	503
51	亦	502
52	玄德	495
53	丞相	491
54	使	488
55	问	481

图 9-88 导入的数据

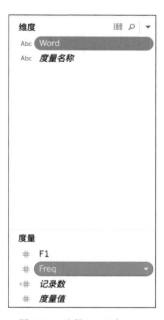

图 9-89 选择 Word 和 Freq

在"智能推荐"模块中，单击 绘制气泡图，如图9-90所示。

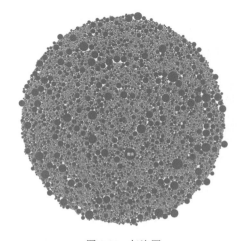

图 9-90 气泡图

我们没有必要将所有的词都绘制成词云图，只需要绘制词频相对较高的词语（例如，仅仅绘制出现频次超过100的词语）。

我们可以通过以下操作完成这种筛选。

首先，将维度变量Word拖曳至"筛选器"模块，如图9-91所示。

图 9-91　将维度变量 Word 拖曳至"筛选器"模块

此时，屏幕上会弹出"筛选器[Word]"对话框，选择"条件"选项卡，单击"按字段"单选按钮，并且输入条件"Freq""总和"">="100"，使绘图区仅仅展示出现频次大于10的词，如图9-92所示。

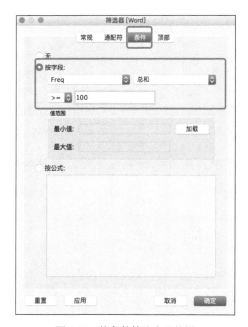

图 9-92　按条件筛选出现的词

第3步，形成词云图。

单击"标记"模块中下拉列表框的下拉按钮，这个下拉列表决定绘图区用什么样的序列表示数据。选择"文本"，如图9-93所示。此时气泡图就变成词云图了。

我们可以将维度变量Word拖曳到"标记"模块的"颜色"按钮上，使我们的词云图变成彩色的，如图9-94所示。

图 9-93　修改标记展示形式为
　　　　　　"文本"

图 9-94　为词云图添加颜色

我们还可以选中一些过于通用的词，如"上""无""回""却""亦"等，并将其去掉，因为这样的词一般不蕴含太多的信息量。这一类词在自然语言处理领域称为停用词。去掉该类词的方法是选中其中某个词，右击，选择"排除"命令，如图9-95所示。此时这个词就不再展示了。

排除多余的词之后，词云图更加清晰了，如图9-96所示。

图 9-95　排除停用词

图 9-96　排除部分停用词之后的词云图

我们从图9-96所示的词云图中可以看到，"曹操""孔明""关公"等词语出现的频次较高。

9.2.4　可视化方案的展现：仪表板和故事

仪表板是多张工作表的有机组合。

单击 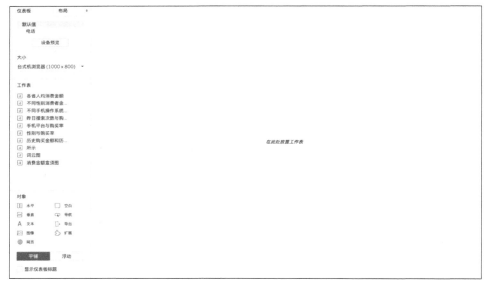，创建仪表板，或者在工具栏中单击 ，创建仪表板。

仪表板的中间部分是工作区，可以在此处放置相关工作表。左边栏有"仪表板"和"布局"两个选项卡。两个选项卡可以相互切换。

"仪表板"选项卡中有"工作表"栏，其中有我们事先制作好的图表。我们可以通过拖曳将所需要的一张或多张工作表拖曳到工作区中，如图9-97所示。

图 9-97　将所需要的一张或多张工作表拖曳到工作区中

【案例9-11】　绘制仪表板

基于之前案例中绘制的图表，创建如下两张仪表板。

● "用户基本信息情况"仪表板。"用户基本信息"仪表板需包含两张饼图（"不同性别消费者金额占比""不同手机操作系统的消费者消费金额占比"），两张百分比堆积图（"性别与购买率"和"手机平台与购买率"），一张数据地图（"各省平均消费金额"）。

- "历史购买行为分析"仪表板。

该仪表板包含一张百分比堆积柱图（"昨日搜索次数与购买率"），一张散点图（"历史购买金额和历史购买单量"）。

我们先从第一张仪表板开始绘制。

绘制的过程非常简单，将事先做好的工作表拖曳到仪表板的工作区即可，如图 9-98 所示。

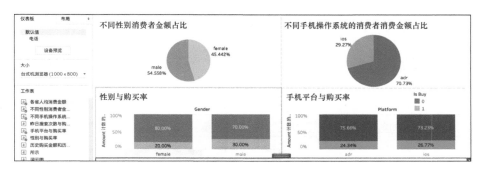

图 9-98　通过拖曳构建仪表板 1

第二张仪表板的绘制过程和第一张仪表板的绘制过程类似，这里就不赘述了，如图 9-99 所示。

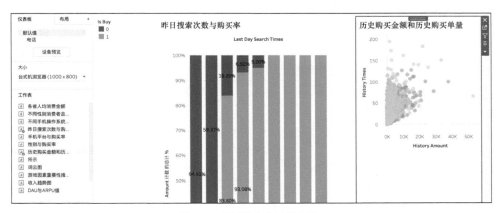

图 9-99　通过拖曳构建仪表板 2

故事是 Tableau 中提供的演示工具，是按照顺序排列的几张工作表或者仪表板的集合。

我们可以单击 ⧄，创建故事，也可以在工具栏中单击 ⧄ ·创建故事。

故事绘制界面如图 9-100 所示。

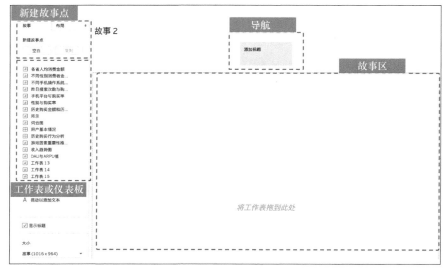

图 9-100　故事绘制界面

故事中各单个工作表或者仪表板称为"故事点"。一个故事点就类似于 PPT 中的一页。我们可以在"新建故事点"模块中选择新建空白故事点或者复制当前故事点。

工作表或仪表板是指当前工作簿中绘制好的所有工作表和仪表板。我们只需要将该区域所需要的工作表或者仪表板拖曳到故事区，即可完成当前故事点的制作。

我们可以通过"导航"模块编辑、组织和注释故事点。如果有多个故事点，在"导航"模块的左侧与右侧就会分别有向左的箭头和向右的箭头。我们可以通过单击"导航"模块左侧或者右侧的箭头，跳转到前一个或者后一个故事点（见图 9-101）。

故事区即故事的主要展示区。

图 9-101　通过"导航"模块编辑、组织和注释故事点

【案例 9-12】　创建一个故事

创建一个故事，故事包含如下两个故事点。

● 用户基本信息。该故事点包含"用户基本信息情况"仪表板。

● 用户购买行为。该故事点包含"历史购买行为分析"仪表板。

首先，将"用户基本信息情况"仪表板拖曳到故事区，并且在"导航"模块中修改该故事点的标题为"用户基本信息"（见图 9-102）。

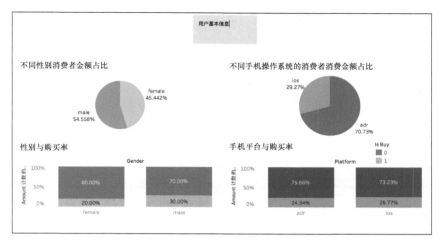

图 9-102　故事点 1：用户基本信息

然后，在"新建故事点"模块中，单击"空白"按钮，新建一个空白故事点。再将事先绘制好的"历史购买行为分析"仪表板拖曳到故事区，并且在"导航"模块中修改该故事点的标题为"用户购买行为"，如图 9-103 所示。

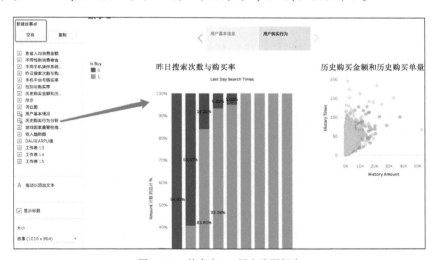

图 9-103　故事点 2：用户购买行为

至此，我们就绘制完了需要的两个故事点。此时，单击功能区中的 🖵，播放我们制作好的故事。

以上介绍了如何通过 Tableau 高效地绘制可视化图表。当然，许多内容（如数据库的连接、函数、参数和创建组等）在本节没有介绍，需要读者自行探索。Tableau 有非常完善的社区资源和帮助文档，这些可供读者参考。

附录 A　为什么抽样方差公式的分母中是 $n-1$

我们用总体标准差 $\sigma = \sqrt{\dfrac{\sum\limits_{i=1}^{N}\left(x_i - \mu\right)^2}{N}}$ 衡量总体离散趋势，我们用抽样标准差

$s = \sqrt{\dfrac{\sum\limits_{i=1}^{n}\left(x_i - \bar{x}\right)^2}{n-1}}$ 衡量抽样场景下的离散趋势。为了方便理解，我们将问题转化为为

什么抽样方差分母中是 $n-1$。方差就是标准差的平方。让我们首先回忆一下总体方差和抽样方差的公式。

总体方差的计算方式如下。

$$\sigma^2 = \frac{\sum\limits_{i=1}^{N}\left(x_i - \mu\right)^2}{N}$$

抽样方差的计算方式如下。

$$s^2 = \frac{\sum\limits_{i=1}^{n}\left(x_i - \bar{x}\right)^2}{n-1}$$

这两个方差公式看起来有几分相似，只在 3 个地方不同：一是在总体方差公式中代表均值的是 μ，而在抽样方差公式中，代表均值的是 $\bar{x}$；二是总体方差的样本量用 N 表示，而抽样场景下样本量用 n 表示；三是在两个方差公式的分母中，总体方差使用的是 N，而抽样方差使用的是 $n-1$。

抽样方差公式的分母中为什么是 $n-1$，是很多人学习统计学的时候比较费解的一个问题。几乎所有的统计学教材中都仅仅解释：之所以分母是 $n-1$，是因为在自由度是 $n-1$ 的情况下，抽样方差是总体方差的无偏估计量。大家看到这个解释之后，还不理解。不理解的原因，是用大家不太理解的几个概念（自由度、无偏估计量）来解释一个新的概念（抽样方差）。

本附录会解释原因，但是仍然会涉及一些数学公式的理解和推理（对于数据分析师而言，学一些数学或者统计学的知识是不可避免的）。我们要理解这个问题，需要从以下几个关键点去理解。

A.1　数字特征的概念

我们经常用一些指标刻画一组变量的特点，我们将这些指标称为数字特征。能够刻画随机变量某些方面的性质、特征的量称为随机变量的数字特征。我们知道了数字特征，也就知道了这组变量的形态的特点。我们常用的数字特征有均值和方差。

在概率学和统计学中，均值还有一个名字——数学期望。例如，离散型随机变量 X 的数学期望实际上就是指其均值，我们常用 $E(X)$ 表示。$E(X)$ 实际上等于 $\dfrac{\sum\limits_{i=1}^{n} X_i}{n}$。其中，$X_i$（$i=1,2,3,\cdots,n$）是 X 的每一个数值，n 是这一组数据中数值的个数。

而方差实际上是 X 中每一个数值与其均值差值平方的期望，常用 $D(X)$ 表示。在总体情况下，有

$$D(X)=E\left\{\left[X-E(X)\right]^2\right\}=\frac{\sum\limits_{i=1}^{N}\left(x_i-\mu\right)^2}{N}$$

A.2　关于总体和抽样的理解

我们生活中一般比较反感的一种态度是"以偏概全"，但是往往由于时间、精力和资源的限制，我们没有办法了解到事情的全貌。此时就只能"管中窥豹"，从一部分样本中推断总体的情况。例如，一家公司不可能知道所有用户对其产品的态度，只能通过抽样调研获取一部分用户的态度，借此推断全部用户的态度。在这种基于部分样本推断总体的过程中，只要抽样的方式保持随机，部分样本是可以很好地代表总体情况的。

总体的数字特征（均值、方差等）是很难测得的，是未知的。但是我们比较容易获取抽样子集的数字特征。通过抽样子集估算总体的均值和方差的方法称作估计（estimation）。只要抽样随机并且抽样次数满足一定标准，利用抽样子集估算的总体的数字特征就是可信的。

总体和抽样的关系如图 A-1 所示。

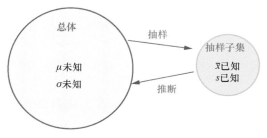

图 A-1　总体和抽样的关系

例如，掷骰子后点数的均值为

$$1 \times \frac{1}{6} + 2 \times \frac{1}{6} + 3 \times \frac{1}{6} + 4 \times \frac{1}{6} + 5 \times \frac{1}{6} + 6 \times \frac{1}{6} = 3.5$$

我们随便掷一次骰子，得到的数值肯定不是 3.5，甚至可能不是 3 或者 4 这两个离均值较近的点数。但是如果我们掷多次骰子并对掷的骰子点数求均值，随着投掷次数不断地增加，其均值会越来越接近 3.5。

我们可以用计算机程序随机模拟掷骰子的过程。在图 A-2 中，横轴是我们掷骰子的次数，纵轴是掷出骰子点数的均值。我们可以看到，随着掷骰子的次数不断增加，掷出骰子点数的均值越来越接近 3.5。所以在较多的样本量或者抽样次数下，抽样样本的均值始终收敛于总体均值。

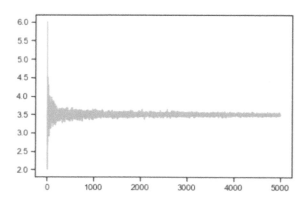

图 A-2　大数定律：重复试验（掷骰子）的次数越多，掷出骰子点数的均值越趋向 3.5

一个好的估算方法可以这样理解：如果针对无数个抽样子集应用这样的方法估算总体的数字特征，得到的估计的均值等于总体参数的均值。这种估计称为无偏（unbiased）估计。所谓无偏性，就是指一组数据抽样子集的数字特征期望在抽样次数足够多、抽样足够随机的情况下与实际的总体数字特征是相等的。

A.3　关于抽样方差公式的推导

在抽样场景下，我们用如下公式计算抽样均值：

$$\bar{x} = \frac{\sum\limits_{i=1}^{n} x_i}{n}$$

我们通过前面掷骰子的案例可以知道，只要抽样次数足够多，抽样样本所计算出来的均值就会无限接近理论上的总体均值（3.5）。

总体方差是每一个数据与均值差的平方的期望。在抽样场景下，抽样方差是什么呢？

在抽样场景下，只要满足抽样随机性和次数足够多，抽样方差的期望就应该是每个数据与抽样均值的差的平方的均值的期望，用公式表示如下：

$$E(s^2) = E\left[\frac{1}{n}\sum_{i=1}^{n}(x_i - \bar{x})^2\right]$$

我们针对抽样方差的期望公式进行推导：

$$
\begin{aligned}
E(s^2) &= \frac{1}{n}\sum_{i=1}^{n}E\left[(x_i - \bar{x})^2\right] \\
&= \frac{1}{n}E\left[\sum_{i=1}^{n}(x_i - \mu + \mu - \bar{x})^2\right] \\
&= \frac{1}{n}E\left\{\sum_{i=1}^{n}\left[(x_i - \mu)^2 - 2(x_i - \mu)(\bar{x} - \mu) + (\bar{x} - \mu)^2\right]\right\} \\
&= \frac{1}{n}E\left[\sum_{i=1}^{n}(x_i - \mu)^2 - 2\sum_{i=1}^{n}(x_i - \mu)(\bar{x} - \mu) + n(\bar{x} - \mu)^2\right] \\
&= \frac{1}{n}E\left[\sum_{i=1}^{n}(x_i - \mu)^2 - n(\bar{x} - \mu)^2\right] \\
&= \frac{1}{n}\left\{\sum_{i=1}^{n}E\left[(x_i - \mu)^2\right] - nE\left[(\bar{x} - \mu)^2\right]\right\}
\end{aligned}
$$

$$= \frac{1}{n} \left[n\text{Var}(x) - n\text{Var}(\bar{x}) \right]$$

$$= \text{Var}(x) - \text{Var}(\bar{x})$$

$$= \sigma^2 - \frac{\sigma^2}{n}$$

$$= \frac{n-1}{n} \sigma^2$$

所以

$$E(s^2) = E\left[\frac{1}{n} \sum_{i=1}^{n} (x_i - \bar{x})^2 \right] = \frac{n-1}{n} \sigma^2$$

从上述公式可以看出，抽样方差的数学期望在一定程度上低估了总体方差，低估了$\frac{\sigma^2}{n}$。所以应该略做调整：

$$\frac{n}{n-1} E\left[\frac{1}{n} \sum_{i=1}^{n} (x_i - \bar{x})^2 \right] = \sigma^2$$

根据上面的公式进行调整：

$$s^2 = \frac{\sum_{i=1}^{n} \left(x_i - \bar{x} \right)^2}{n-1}$$

这就是方差的无偏估计量。从上述公式可以看出，只要抽样次数无限多，抽样方差就应该无限接近总体方差。

附录 B　时间序列趋势分解的 Python 代码

进行时间序列趋势分解所用的包是 pandas 包，用到的函数是 statsmodels.tsa. seasonal 模块中的 seasonal_decompose() 函数。我们先将二者导入。

```
import pandas as pd
from statsmodels.tsa.seasonal import seasonal_decompose
```

我们这里以"针对某公司 DAU 趋势做时间序列分解为例"来进行介绍。

首先在知乎搜索并读取数据集"探索性数据分析和数据预警 .csv"，再将字段 "date"的类型从字符串转化为时间。

```
###读取数据集
data = pd.read_csv('你的路径/探索性数据分析和数据预警.csv')
###将字段"date"的类型转化为时间
data['date']=pd.to_datetime(data.date)
```

接着，进行时间序列分解。我们使用前面导入的 seasonal_decompose() 函数。

函数中参数"model"的值决定我们是使用加法（additive）模型还是乘法（multiplicative）模型。参数"period"表示时间周期，我们观察数据得知，该公司的 DAU 是呈现周期波动的，周期为 7 天。

```
decomposition = seasonal_decompose(data.DAU, model="multiplicative",period
=7)
```

我们可以通过以下代码对时间序列分解出来的各种趋势进行可视化。

```
decomposition.plot()
```

我们可以通过如下代码将分解出来的 3 种趋势赋给 3 个变量。

```
trend = decomposition.trend
seasonal = decomposition.seasonal
residual = decomposition.resid
```

附录 C　分词的 Python 代码

中文分词在 Python 中会涉及 jieba 包。

如果我们的 Python 中还没有安装 jieba 包，可以通过如下代码进行安装：

```
pip install jieba
```

分词的具体代码如下。

```
import jieba                #导入Jieba包

import pandas as pd
#导入pandas包,pandas包是python中进行数据框处理的包,用于导出数据

import re
#与正则表达式相关的程序包用来清洗数据

#导入数据
f = open('你的路径/三国演义.txt')
sentence = f.read()

#数据清洗
#去掉自己不想要的符号或字符
Sentence = re.sub(r'[a-z|A-Z|\'|\]|\[|\? |。 |\,|\@|\:|\-|\…|\n|\"|\"|\、
|\|\\\\|,|:|《|》|_|;|? |! |\\\u3000|!]','',sentence)

sent_words = list(jieba.cut(Sentence))    #使用jieba进行分词

word_freq = pd.DataFrame(sent_words).iloc[:,0].value_counts()
#去掉部分通用的字
drop_word = ['曰',' ','之','乎','也','者','我','吾','而','不','与','在','将','是',
'人','等','今','欲','此','又','皆','去','来','乃','又','于','了','有','为','见',
'矣','遂','却说','到','便','至','汝','从','兵','若','已','中','得','可']
```

```
#统计分词之后的词频
word_cloud_freq = pd.DataFrame({'Word':word_freq.index,'Freq':word_freq.
values})
for i in  drop_word:
    word_cloud_freq = word_cloud_freq.loc[word_cloud_freq.Word! =i,:]

# 将词频文件存入本地
word_cloud_freq.to_csv('你的路径\词云图.csv')
```

运行上述代码，就会生成一个词频数据框。我们在使用 Tableau 制作词云图的时候，就可以读取该数据框并作图。